JN051424

Basic Knowledge of Data Structures and Algorithms

基礎から学ぶ データ構造とアルゴリズム

改訂版

穴田 有一 著

共立出版

改訂版へのはじめに

初版を上梓してから，すでに20年余りが過ぎました．本書は，書名の「基礎から学ぶ」に象徴されているように，プログラミングの基礎としてのデータ構造とアルゴリズムを基本から学ぶことを目指しています．そのような趣旨で執筆しましたが，初版からの長い年月が経ち，説明の足りないところが目につくようになり，今回，改訂版を上梓することになりました．具体的には，まず，構造化プログラミングの説明を加えたことです．アルゴリズムとプログラミングの関係を考えるうえで構造化プログラミングが重要ですが，初版では，この点にまったくふれていませんでした．二つめは，アルゴリズムの表現の図を用いる方法について，フローチャートの説明を加えたことです．付録として，フローチャート記号の代表的なものも収録しました．三つめは，決定木の説明を加えたことです．初版の上梓から今日までの間に，情報を活用する諸分野で最も大きく変化したことは，機械学習の普及です．機械学習は，情報科学，情報技術の分野にとどまらず，さまざまな学問研究，教育，産業の分野で取り入れられ，活用されるようになりました．このような実情を踏まえ，機械学習でしばしば利用される手法の一つである決定木にふれることとしました．

AI が社会に広く普及した現在，情報科学の基礎知識は，ますます重要になっています．大学教育においては，「数理・データサイエンス・AI 教育プログラム認定制度」が文部科学省により開始されました．第4次産業革命（Industry 4.0）による社会構造の変革が進行し Society 5.0 へ移行する中で，この制度は，文系理系を問わず，すべての日本の大学で AI の活用に向けたリテラシー教育を行うことを目指すものです．このような社会の変革が進む現在，データ構造とアルゴリズムに関する基礎知識の学習教材である本書が，多少なりとも貢献できることを願っています．

ここで，私的なことを記すのをご容赦ください．本書の初版の共著者である北海道情報大学教授であられた林雄二教授が，初版が上梓された頃に病に倒れられ，長年にわたる闘病生活の末に８年前にご逝去されました．今回の改訂版では，構造化プログラミングの説明を加えましたが，故林雄二教授は，構造化プログラミングの重要性を重視しておられました．今回，この点について加筆できたことで，教授もお喜びのことと思います．改めてご冥福をお祈りします．

2022年７月

著　者

はじめに

単純化していえば，問題を解く手順のことをアルゴリズムといいます．しかし，アルゴリズムだけでプログラムをつくることはできません．扱うデータの表現を変えると，アルゴリズムも変えざるを得ません．データの表現はデータ構造と呼ばれますが，データ構造はアルゴリズムと同様にプログラムの性能を決定する重要な要素です．すなわち，Wirth の名言にあるように，「アルゴリズム＋データ構造＝プログラム」なのです．どのようなデータ構造を採用し，どんなアルゴリズムを選ぶかで計算の速さが変わります．これまでに，多くの研究者によって多くのデータ構造とアルゴリズムが開発されています．これらを学ぶことによって，問題に適したアルゴリズムとデータ構造を選択する能力を身につけることができます．

アルゴリズムとデータ構造を表現するためには，必要な機能を備えているならば，どんな言語を用いても構いません．本書では，アルゴリズムの具体的な表現法として適宜プログラムコードも示しました．言語としては，現在広く普及している Java 言語を用いましたが，必要に応じて C 言語の例も示しました．なお，本書に掲載したいくつかの Java プログラムは，Lafore の *Data Structures & Algorithms in Java*（1998）を参考にしています．これらのプログラム例を実際に実行してみることを勧めます．アルゴリズムやデータ構造の意味をよりよく理解できるようになると思います．また，アルゴリズムの性能は計算量で評価します．したがって，計算量を理解することは，アルゴリズムを理解する上で重要です．本書では，最初に計算量について説明します．また，データ構造で表現されたデータの探索や整列などの個々のアルゴリズムの解説でも，できるだけ計算量についてふれています．常に計算量を念頭に置いて本書を読み進んでください．

本書は，大学や高専，専門学校などで情報処理技術を学ぶ学生を対象に，基礎的なデータ構造とアルゴリズムを学習してもらうことを目的として書かれています．できるだけ図表を用いて概念を把握しやすいような解説を心がけました．アルゴリズムやデータ構造は，ノートやメモ用紙に図式化しながら学習することを勧めます．スタックやキューを表す図，連結リストや木構造の図，いろいろな整列法を説明した図などはただ眺めるだけでなく，実際に自分で考えながら描いてみるとよく理解できるものです．本書の図とまったく同じ図にする必要はありません．本質を理解し，自分なりの図を描けるようになれば，そのデータ構造やアルゴリズムは理解できたと思ってよいでしょう．整列のアルゴリズムは，トランプの数字カードを実際に並べ替えて理解するのもよいと思います．できるだけわかりやすい説明を心がけましたので，少し意欲のある方なら自学自習の教材としても読み進められると思います．

本書の構成は，次のようになっています．第1章では，データ構造とアルゴリズムの関係を概観してから，計算量について説明します．第2章では，配列，リスト，木構造などいくつかのデータ構造を取り上げます．第3章では，2分探索木，ハッシュ法など代表的な探索法について説明します．第4章では，代表的な整列法について説明します．

最後になりましたが，本書を執筆する機会を与えて下さった共立出版株式会社の加藤敏博氏と編集の過程でお世話になった石井徹也氏に感謝の意を表します．

2009年10月

著　者

目　　次

第1章
データ構造とアルゴリズムの基本

データ構造とアルゴリズムはプログラミングの基礎です．また，よいプログラムを作るためには，効率よくデータを処理するアルゴリズムを採用する必要があります．この章では，データ構造とアルゴリズムの関係や計算量について説明します．

1.1 データ構造とアルゴリズムの基本

1.1.1 データ構造とアルゴリズムの関係

■コンピュータで問題を処理する

まずコンピュータで問題を処理する仕組みを復習しておきましょう．図1.1のように，コンピュータは一般的に演算制御装置（CPU：Central Processing Unit）と主記憶装置（メモリ）および補助記憶装置（ハードディスクなど）などから構成されています．みなさんがプログラムやデータを入力して，コンピュータに何か問題を処理させるとしましょう．入力されたプログラムやデータは主記憶装置に記憶され，随時演算制御装置に送られて実行されます．また，これらは必要に応じて補助記憶装置に保存されることもあります．すなわち，入力されたデータは，まず記憶装置に保持され，その後計算などの処理を施され，最終的にディスプレイやプリンタに出力されます．この一連の流れの中で，データが記憶装置に保持されるときデータ構造が問題になります．また，計算などの処理を行うときにはアルゴリズムが問題になります．みなさんがコンピュータで問題を処理するときには，その各段階でデータ構造やアルゴリズムがかかわっています．

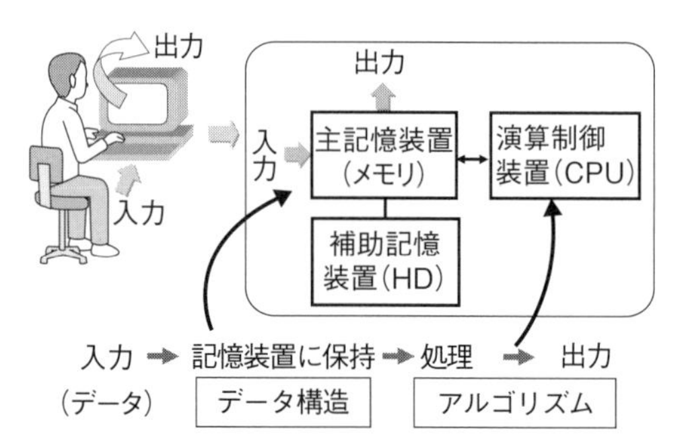

図1.1　コンピュータによる処理とデータ構造とアルゴリズム

■アルゴリズムとは何か

アルゴリズム（algorithm）という言葉はプログラミングや情報科学に限らず，広くさまざまな場面で使われます．アルゴリズムという用語を一般的に定義すると，「問題を解決する手順」ということになります．したがって，マラソン大会でランナーをタイムが小さい順に並べる方法はアルゴリズムですし，数学で連立方程式を解くための方法として使われる「代入法」や「消去法」もアルゴリズムです．また，カレーライスの作り方のように，料理を作る手順もアルゴリズムといえなくもありません．しかし，ここで学習するアルゴリズムとは，コンピュータで問題を処理するためにプログラムとして実現するのに向いている解法です．例を挙げると，グラフ理論，オペレーションズリサーチ，数値計算，データ構造の操作，整列，数式処理，言語処理などです．特に本書で扱う問題を具体的にいえば，データ構造の操作と整列です．これらのアルゴリズムについては，第2章以降で詳しく説明します．

本書で取り上げていないアルゴリズムにも有益なものが数多くあります．ここでは，一つだけ有名なアルゴリズムを挙げておきましょう．それは紀元前300年頃の古代ギリシャの学者ユークリッドの著書「原論（Elements）」の第7巻に書かれているもので，二つの正の整数の最大公約数を求めるアルゴリズムです．ユークリッドの互除法ということもあります．原文に書かれていることを整理すると，次のような手順で表されます．

① m，n を正の整数とする．

② $m \div n$ の余りを r とする．$(0 \leqq r < n)$

③　(n, r)を新しいm，nとする．

④　$r=0$になるまで②，③を繰り返す．

⑤　$(n, 0)$のnが最大公約数

実際に数字を当てはめてみましょう．① $m=120$，$n=32$とすると，② $m \div n$の余りrは24になります．そこで，③ 新しいm，nを$m=32$，$n=24$とします．④ $r=0$になるまで②，③を繰り返すと，以下のようになります．

(m, n)	→	(n, r)
(120, 32)	→	(32, 24)
(32, 24)	→	(24, 8)
(24, 8)	→	(8, 0)

こうして，得られた$n=8$が最大公約数となります．

■データ構造とは何か

データ構造（data structure）とは，データ（data）が相互に関連づけられた構造（structure）を形作ったものをいいます．データをブロックに例えればデータ構造とはブロックを規則的に積み上げて作った建物といえます．バラバラに集められたブロックの集まりはデータ構造とはいわないのです．たとえば

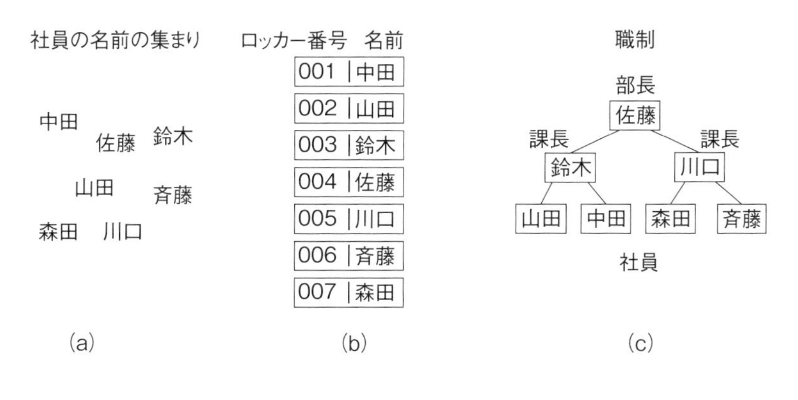

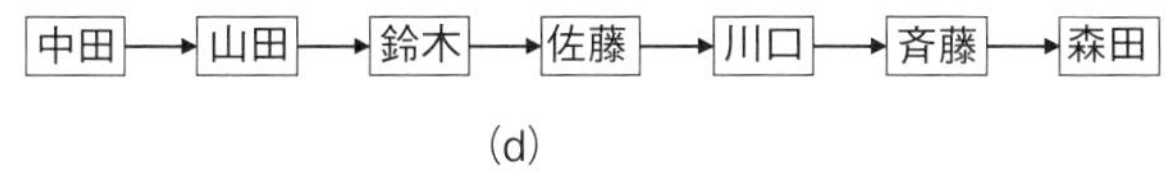

(d)

図1.2　社員の年齢データを例としたデータ構造

図1.2 (a) のように，ある会社の社員の名前（データ）をただ単に集めたものは，データ構造とはいいません．名前は各社員の属性ですが，(b) のようにロッカールームに並んだ番号付きロッカーに社員の名前を割り当てると，名前データはロッカー番号によって相互に関連づけられた構造をもつことになります．また，職制によって (c) のように関連づけられた名前データもデータ構造です．このように同じ一組のデータでも，どのような構造に組み立てられるかで，異なるデータ構造になります．

ちなみに，(b) のようなデータ構造は配列であり，(c) は木構造といいます．また，ロッカールームでの名前の並びを (b) のようにロッカー番号で関連させるのではなく，隣合う社員の名前のつながりで表すと (d) のようになりますが，これは連結リストというデータ構造です．

■データ構造とアルゴリズム

実際の側面から見ると,データを処理する規則の集まりがアルゴリズムです．したがって，データの表現方法すなわちデータ構造が確定しなければ，アルゴリズムだけでは問題を解決することはできません．すなわち，アルゴリズムとデータ構造は密接に関係しています．コンピュータを使って実際に問題を解決するには，データ構造によって表現されたデータを適切なアルゴリズムによって処理するプログラムをつくる必要があります．まさにWirthの名言にあるように，「アルゴリズム＋データ構造＝プログラム」なのです．

効率のよいアルゴリズムを作るにはデータ構造の複雑さとアルゴリズムの複雑さのバランスが重要です．とくに**時間**（処理の速さ）と**空間**（記憶域の大きさ）の**トレードオフ**（Trade-off）は重要で，プログラミングに際してアルゴリズムとデータ構造を選ぶときに十分考慮すべき点です．トレードオフの一般的な意味は，取引とか交換ということであり，相手が自分にとって必要なものをもっているときに，自分がもっている大事なものを提供してそれを手に入れることです．自分の大事なものをすべて差し出して相手のものを全部手に入れるか，それとも一部を差し出して相手からも一部をもらうかは，交換で得られる利得の評価によって異なります．アルゴリズムの場合には，1.1.3項で述べる計算量の評価で時間と空間のトレードオフが決まります．

1.1.2 アルゴリズムの表現

人間の創造活動は「表現」を通じて実現します．人間が他の動物と区別される大きな特徴である発明・発見・工夫による創造活動は，人間が高度な言語を獲得したために盛んになりました．すなわち，高度な「言語」で思考を「表現」できたから創造活動が発展したのです．アルゴリズムにも「表現」するための道具が必要です．

JIS の定義によると，アルゴリズムとは「明確に定義された有限個の規則の集まりで，有限回適用することにより問題を解くもの」とあります．したがって，アルゴリズムは文章や図で表現できることになります．そして最終的には，アルゴリズムをプログラム言語で記述してコンピュータに問題を解かせることになります．アルゴリズムの表現には次のようなものが使われます．

① 手続きを自然言語で時間順に箇条書きする．
② フローチャート，PAD などの図を用いる．
③ 疑似言語で記述する．
④ プログラミング言語で記述する．

①は，日本語，英語など日常用いる自然言語で表現する方法です．本書では，基本的にこの方法でアルゴリズムを表現します．②の図を用いてアルゴリズムを表現する方法では，フローチャート（流れ図）がよく用いられます．図1.3は，2ページで説明した最大公約数を求めるアルゴリズム（ユークリッドの互除法）をフローチャートで表した例です．フローチャートは，上から下へ，左から右へ流れるように描くのが基本です．本書では，必要に応じてフローチャートを示しますが，フローチャートに用いる記号などについては，付録を参照してください．③の疑似言語は，C 言語などのプログラミング言語を基本にした構文を用いてアルゴリズムを記述しますが，適宜，自然言語を用いてアルゴリズムをわかりやすく表現することを許すものです．本書では，疑似言語による表現は用いませんが，興味がある方は，巻末の参考文献〔14〕などを参照してください．一方，本書ではプログラミングコードを用いた方がアルゴリズムを理解しやすい場合に，適宜④の方法でアルゴリズムを表現します．

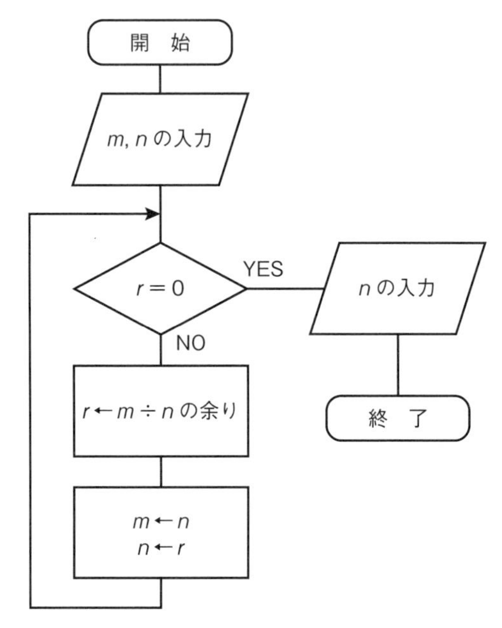

図1.3　フローチャートの例：ユークリッドの互除法

1.1.3　アルゴリズムと計算量

■計算量とは何か

計算量（computational complexity）はアルゴリズムの性能を表現するために使われ，使用する計算時間や記憶領域の大きさで表します．時間と空間のトレードオフを考える上でも重要です．計算時間，記憶領域の大きさに関する計算量は，具体的には次のように評価されます．

- ・**時間計算量**（time complexity）：ある特定の操作の操作回数
- ・**領域計算量**（space complexity）：変数の数など

先に述べた時間と空間のトレードオフは，時間計算量と領域計算量から考えます．ただし，コンピュータに問題を処理させるときに実際上重要なのは，記憶領域の使用量もさることながら，処理時間です．したがって通常，計算量といえば時間計算量を指します．また，n 個のデータをあるデータ構造に格納して，あるアルゴリズムで処理する場合，データが同じでも，どのような状態で格納されているかによって，数回の操作で処理が終了したり，n 個のデータを隈なく操作することになったりします．したがって，計算量を正確に評価することは簡単なことではありません．

そこで，実際に計算量を求めるときには，**最悪計算量**（worst case complexity）や**平均計算量**（average case complexity）を求めることになります．最悪計算量とは，あるアルゴリズムの計算量が大きさ n のデータの格納状態または入力される順序によって異なるときに，最も手間がかかる場合の計算量のことをいいます．平均計算量は，n の入力データがある確率分布をもつとして，その確率分布について平均をとって求めます．実用上は平均計算量が重要な場合も多いのですが，評価するのが難しい場合も多いのが実状です．

■ O 記法

計算量を評価する際に基礎になるのは，各処理の実行回数です．これは処理に要する時間に相当します．しかし，これをそのまま計算量として用いるのではなく，十分大きなデータを処理した場合にどの程度の時間すなわち手間がかかるかを求めます．たとえば，時間計算量が$3n^2$で処理できるアルゴリズムを用いるときに，$n=100$のデータを処理する場合に比べて，$n=200$のデータを処理する場合は何倍の時間がかかるでしょうか．これを次のように計算してみると

$$\frac{3\times 200^2}{3\times 100^2}=\frac{200^2}{100^2}=4$$

4 倍になることがわかります．ただし，この計算を見るとわかるように，入力データの大きさ n の値によって何倍の時間がかかるかを問題にするときには，$3n^2$の係数「3」は意味をもちません．したがって，このアルゴリズムの計算量は「n^2」の程度と考えてよいでしょう．

このように見積もる計算量は**漸近的計算量**（asymptotic complexity）と呼ばれます．漸近的計算量を表す方法はいくつかありますが，普通は ***O* 記法**が用いられます．O 記法をもっと正確に定義すると次のようになります．

> 二つの関数 $f(n)$, $g(n)$について
>
> $$f(n) \leqq cg(n),\ n > n_0$$
>
> を満足する正の定数 c, n_0が存在するとき, $f(n)$は**オーダー** $g(n)$であるといい, 次のように書く.
>
> $$f(n) = O(g(n))$$

これをグラフで説明しましょう．図1.4は，$3n^2+4n+1000$とn^2と$4n^2$のnに対する変化を示しています．単に$3n^2+4n+1000$の漸近的な関数を求めるのであれば，n^2のほかにもn^2+nや$3n^2$などいろいろ考えることができます．しかし，ここで述べたオーダーの定義によると，「$f(n)$は高々$g(n)$の定数倍にしかならない」ということです．図1.4を見ると，n_0よりも大きなnの値に対して$f(n)=3n^2+4n+1000$はn^2よりも大きくなっていますが，たとえば$4n^2$よりも小さいことがわかります．このことから，$f(n)=3n^2+4n+1000$はn^2を適当な定数(c)倍したものの値を超えないことがわかります．すなわち，「$f(n)$は高々$g(n)$の定数倍にしかならない」ということです．

O記法の定義を今度は計算で確認してみましょう．ある関数$f(n)$に対して，$\lim_{n\to\infty}\frac{f(n)}{g(n)}$が収束するとき，$f(n)$の$n$の次数の最大のものは，$g(n)$の$n$の次数と等しくなります．もう少し詳しく説明すると，$f(n)\leqq cg(n)$が成り立つときには$\frac{f(n)}{g(n)}\leqq c$が成り立つので，$\lim_{n\to\infty}\frac{f(n)}{g(n)}\leqq c$となり，収束することになります．

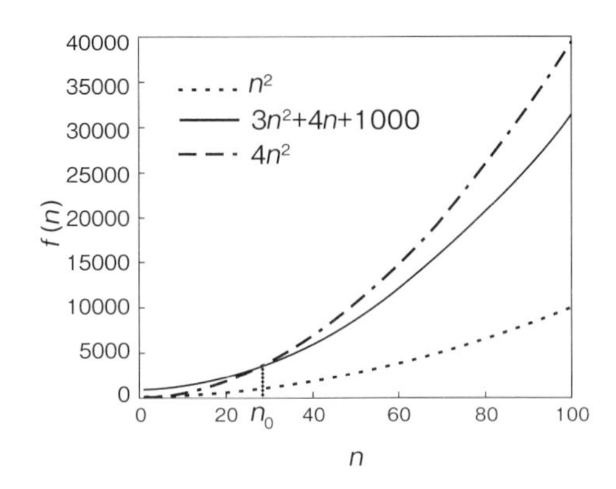

図1.4　$f(n)$と$g(n)$のnに対する変化

このとき，$g(n)$は$f(n)$のオーダーであるといい，式では$f(n)=O(g(n))$と表します．例を挙げて説明しましょう．

例1.1 $f(n)=3n^2+4n+1000$のオーダー

$g(n)=n^2$とすると，

$$\begin{aligned}\lim_{n\to\infty}\frac{f(n)}{g(n)}&=\lim_{n\to\infty}\frac{3n^2+4n+1000}{n^2}\\&=\lim_{n\to\infty}\left(\frac{3n^2}{n^2}+\frac{4n}{n^2}+\frac{1000}{n^2}\right)\\&=\lim_{n\to\infty}\left(\frac{3n^2}{n^2}\right)+\lim_{n\to\infty}\left(\frac{4n}{n^2}\right)+\lim_{n\to\infty}\left(\frac{1000}{n^2}\right)\\&=3+0+0\\&=3\end{aligned}$$

すなわち，$g(n)=n^2$としたとき$\frac{f(n)}{g(n)}$は収束し，$f(n)=O(n^2)$としてO記法の定義を満たします．試しに$g(n)=n$として，上と同じ計算をしてみてください．$\frac{f(n)}{g(n)}=4+3n$となって発散することがわかります．オーダーについて，他の例をあげておきます．

$f(n)$	$g(n)$	
n	n	$O(n)$
n^2+3	n^2	$O(n^2)$
$3n^2+4n+1000$	n^2	$O(n^2)$

問題1.1　実行回数が以下の関数で与えられているとき，それぞれのオーダーを求めよ．

(1)　n

(2)　$4n+1$

(3)　n^2+3n+8

■ O 記法の和と積

アルゴリズムの計算量を評価するときに，全体のアルゴリズムを部分のアルゴリズムの和や積で求めることができます．ここでは，**O 記法の和と積**について説明します．計算量と漸近的計算量が次の式で表されるとき，

$$f_1(n)=O(g_1(n))$$
$$f_2(n)=O(g_2(n))$$

$f_1(n)$と $f_2(n)$の和は次のように計算されます．

$$f_1(n)+f_2(n)=O(\max(g_1(n),\ g_2(n)))$$

ここで，$\max(g_1(n), g_2(n))$は $g_1(n), g_2(n)$のうちオーダーの大きいほうをとるという意味です．積は次のように計算されます．

$$f_1(n)\cdot f_2(n)=O(g_1(n)\cdot g_2(n))$$

すなわち，積のオーダーは単純に $g_1(n)$と $g_2(n)$をかけたものです．以下に計算の例をあげておきます．

$$f_1(n)=2n \quad \text{のとき} \quad g_1(n)=n$$
$$f_2(n)=3n^2+4 \quad \text{のとき} \quad g_2(n)=n^2$$

$$\text{和}\quad f_1(n)+f_2(n)=O(g_1(n))+O(g_2(n))=O(\max(g_1(n),g_2(n)))$$
$$=O(\max(n,\ n^2))=O(n^2)$$
$$\text{積}\quad f_1(n)\cdot f_2(n)=O(g_1(n))\cdot O(g_2(n))=O(g_1(n)\cdot g_2(n))$$
$$=O(n\cdot n^2)=O(n^3)$$

問題1.2　実行回数を表す関数 $f(n)$，$g(n)$，$h(n)$，$i(n)$が以下のように与えられているとき，(1)～(5)を求めよ．ただし，n はデータの個数で，非常に大きいとする．

$$f(n)=1,\ g(n)=n,\ h(n)=n^2,\ i(n)=\log n$$

(1)　$O(f(n))+O(g(n))$

(2)　$O(g(n))\cdot O(h(n))$

(3) $O(g(n))+O(h(n))+O(i(n))$

(4) $O(f(n))\cdot O(g(n))+O(i(n))$

(5) $(O(f(n))+O(g(n)))\cdot O(i(n))$

では，実際のアルゴリズムで和と積はどのような関係になっているのでしょうか．プログラミングで指令（コマンド）を組み合わせるとき，アルゴリズムの基本として順次，選択，反復の三つがあります．ある処理を行う単位としてのアルゴリズムの組合せも同様です．このときの順次と反復に相当するのが和と積になります．図1.5に示すように，二つのアルゴリズムA，Bが順に実行されるとき，これらの全体のオーダーは各アルゴリズムのオーダーの和になります．また，アルゴリズムAが反復されるときには全体のオーダーは積で求められます．なおこの図で，$f_1(n)$，$f_2(n)$はそれぞれの部分の実行時間を表しています．

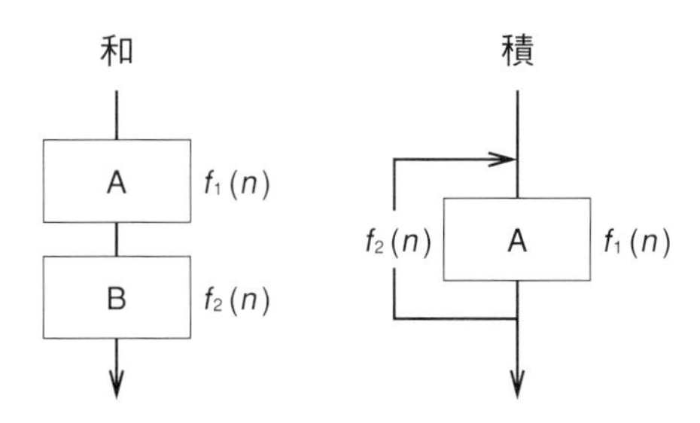

図1.5 オーダーの和と積

問題1.3 n 個のデータを処理するアルゴリズムがある．このアルゴリズムは処理Aと処理Bの部分から構成されている．処理Aの時間計算量は $O(n)$，処理Bの時間計算量は $O(\log n)$である．次のそれぞれの場合について，アルゴリズム全体の時間計算量のオーダーを求めよ．

(1) 処理Aが終わってから，処理Bが実行される．

(2) 処理Bを n 回繰り返す．

■よく現れるオーダーの例

ここで扱うほとんどのアルゴリズムの実行時間は次のオーダーのどれかで表されます．また，上から下へ行くに従ってオーダーは大きくなります．

1

$\log n$（対数）

n（線形）

$n \log n$

n^2（2乗）

n^3（3乗）

2^n（指数）

また，これらの n に対する値の変化を図1.6に示しました．

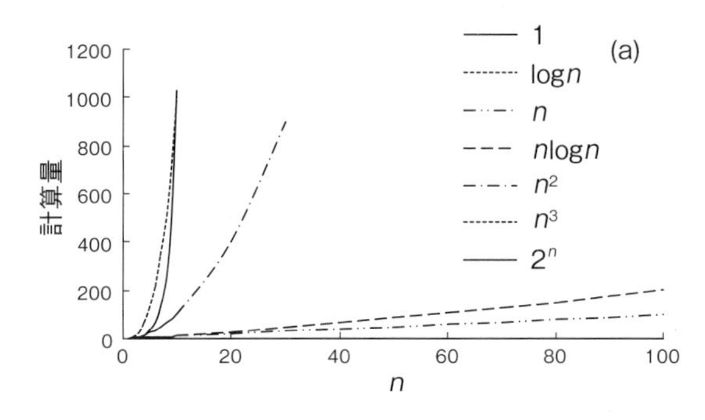

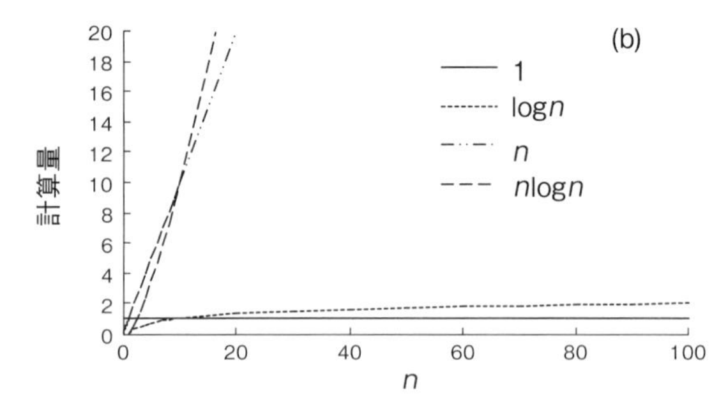

図1.6　(a)はいろいろなオーダーの n に対する変化．(b)は(a)の縦軸のスケールを拡大し，1，$\log n$，n，$n \log n$ の差をわかりやすくしたもの

■プログラムから計算量を求める方法

実際のプログラムから計算量を見積る例を考えましょう．次の例は x^n を計算する単純なアルゴリズムです．まず，具体的に数値を当てはめて考えてみましょう．

$$3^5=3\times3\times3\times3\times3$$

この計算を次のように実行することにします．最初に，

	1行あたりの計算量	繰り返し回数	実行時の計算量
1: import java.io.*;			
2: public class XnSimple{			
3: public static void main(String args[])throws IOException{			
4: String ss;			
5: int x,n,t=1,i=1;			
6: BufferedReader br= new BufferedReader(new InputStreamReader(System.in));			
7: System.out.print("Enter x=");			
8: ss=br.readLine();			
9: x=Integer.parseInt(ss);			
10: System.out.print("Enter n=");			
11: ss=br.readLine();			
12: n=Integer.parseInt(ss);			
13: t=x*x ;	$O(1)$		$O(1)$
14: while(i<=n-2){	$O(n)$		$O(n)$
15: t=x*t;	$O(1)$	$O(n)$	$O(1)\times O(n)=O(n)$
16: i=i+1;	$O(1)$	$O(n)$	$O(1)\times O(n)=O(n)$
17: }			
18: System.out.println("x^n=" + t);			
19: }			
20: }			
			$O(n)$

図1.7　x^n の単純なアルゴリズムのプログラムコード（Java）

$$3 \times 3 = 3^2$$

を計算します．次に，この計算結果に3をかけます．

$$3 \times 3^2 = 3^3$$

このように3^5が得られるまで，同様な操作を繰り返します．

$$3 \times 3^3 = 3^4$$

$$3 \times 3^4 = 3^5$$

この操作をプログラミングする場合には，次のように変数を用いて一般化することができます．

$$3 \times 3 \rightarrow t$$

$$3 \times t \rightarrow t$$

$$3 \times t \rightarrow t$$

$$3 \times t \rightarrow t = 3^5$$

	1行あたりの計算量	繰り返し回数	実行時の計算量
1: #include <stdio.h>			
2: void main(void)			
3: {			
4: 　　int x,i,n,t;			
5: 　　t=1;			
6: 　　i=1;			
7: 　　printf("enter x:");			
8: 　　scanf("%d",&x);			
9: 　　printf("enter n:");			
10: 　　scanf("%d",&n);			
11: 　　t=x*x;	$O(1)$		$O(1)$
12: 　　while(i<=n-2){	$O(n)$		$O(n)$
13: 　　　　t=x*t;	$O(1)$	$O(n)$	$O(1) \times O(n) = O(n)$
14: 　　　　i=i+1;	$O(1)$	$O(n)$	$O(1) \times O(n) = O(n)$
15: 　　}			
16: 　　printf("t=%d¥n",t);			
17: }			
			$O(n)$

図1.8　x^n の単純なアルゴリズムのプログラムコード（C）

このアルゴリズムで3^5を計算すると掛け算の演算回数は4回になります．もしも3^5ではなく，もっと一般的に3^nを計算する場合には，$n-1$回の演算を行うことになります．したがって，このアルゴリズムの計算量をオーダーで表すと$O(n)$になります．

このアルゴリズムを実現（implementation）するために作ったプログラムを例にして，プログラムから計算量を求めてみます．このアルゴリズムの基本的なコードは図1.7に示したリストの13～16行または図1.8の11～14行になります．各行の最悪計算量と繰り返し回数およびプログラム実行時の計算量をリスト右側の欄に示しました．各コードから得られる計算量をオーダーの和の公式に従って計算すると，上記と同じオーダーが得られます．

問題1.4　次のコードについて，3，4，5，6，7，8行の実行回数をnで表せ．また，それぞれの実行回数のオーダーを求めよ．ただし，xは，次の変数をもつ構造体（C）またはクラス（Java）のインスタンスを要素とする大きさがnの配列である．

$x[i]$がもつ変数：
int rank；
int score；

```
1:  int i,j ;
2:
3:  for(i=0 ; i<n ; i++)
4:    x[i].rank=1 ;
5:  for(i=0 ; i<n ; i++)
6:    for(j=0 ; j<n ; j++)
7:      if(x[i].score<x[j].score)
          x[i].rank++ ;
```

1.1.4　プログラムの基本構造

データ構造とアルゴリズムの基本を理解して，プログラムに移行するときには，わかりやすいプログラムを実現しなければなりません．アルゴリズムを考える，あるいは開発する際に心得ておきたいのが，**基本3構造**です．すなわち，順次（sequence），選択（selection），反復（iteration）のことで，プログラムは，この3つの要素で構成されることが推奨されています．この基本3構造を

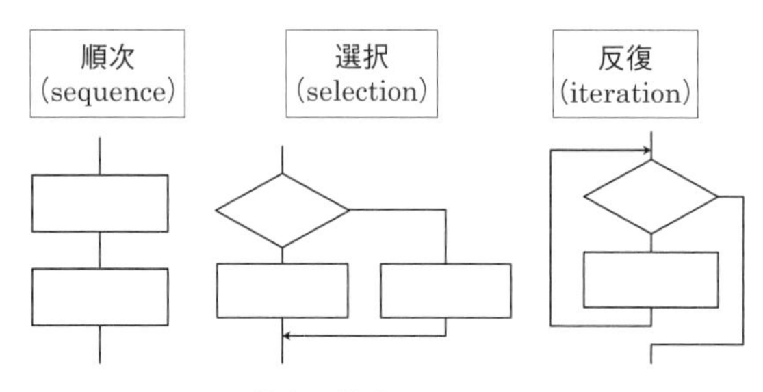

図1.9　基本3構造のフローチャート

フローチャートで表したのが図1.9です．

ある問題を処理するアルゴリズムは，基本的には，「順次」のように上から下へ処理が進みます．その際に，条件によって処理が異なる場合は，「選択」になります．これは，プログラム言語では，if～then～else などの構文で表されます．一方，一定の条件が満たされた場合に，下から上へ戻り同じ処理を繰り返します．これは「反復」です．プログラム言語では，while～，for～などの構文で表されます．プログラムすなわちアルゴリズムを基本3構造で表すことで，簡潔で理解しやすいプログラムを実現することを**構造化プログラミング**（structured programming）といい，プログラムの構造化定理（structure theorem）で述べられています．また，構造化プログラミングでは，段階的詳細化も推奨されています．段階的詳細化とは，アルゴリズム全体を，まずは大まかな処理のまとまりとしてとらえ，それぞれの大まかな処理を順次詳しく表していく方法です．これをフローチャートで表した例が，図1.10です．アルゴリズムの全体を，まずは図1.10 Aのように，処理のまとまりごとに大まかに表し，その後，B，Cのように，個々の処理を改めて詳細に記述します．一般に，「木を見て森を見ず」といいますが，まずアルゴリズム全体を俯瞰して大きくとらえ，徐々に詳細化することで，理解しやすい明瞭なアルゴリズムを構成するというねらいがあります．

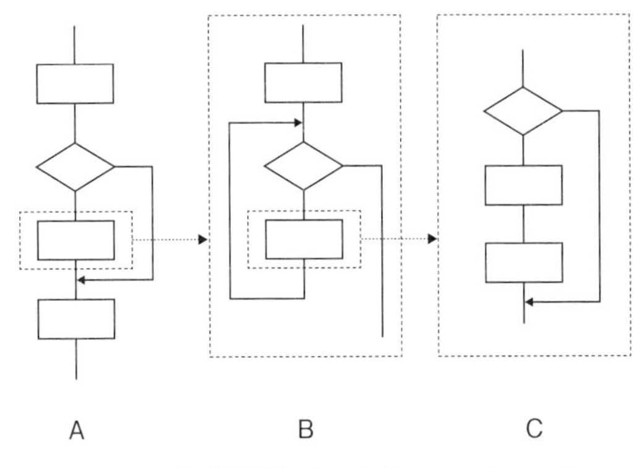

図1.10　段階的詳細化を表すフローチャート

【参考】

x^n を計算するアルゴリズムには，次のようにべき乗の指数を2進数で表す方法もあります．3^5は，次のように2のべき乗で表すことができます．

$$3^5 = 3^4 \times 3^1 = 3^{2^2} \times 3^{2^0}$$

他の例を示しましょう．たとえば，x^{26}の場合は次のようになります．

$$x^{26} = x^{16} \times x^8 \times x^2 = x^{2^4} \times x^{2^3} \times x^{2^1}$$

この式を見てわかるように，指数部分は26の2進数表記になります．この点に注目すると，指数 n を2進数で表記して x^n を求めることができるのです．では，このアルゴリズムを説明しましょう．

26を順に2で割ると，

```
2 ) 26
2 ) 13   ・・・  0     0×2^0
2 )  6   ・・・  1     1×2^1
2 )  3   ・・・  0     0×2^2
     1   ・・・  1     1×2^3
     1×2^4
```

となり，次のように2のべき乗で表すことができます．

$$26 = [\{(1 \times 2 + 1) \times 2 + 0\} \times 2 + 1] \times 2 + 0$$
$$= 1 \times 2^4 + 1 \times 2^3 + 0 \times 2^2 + 1 \times 2^1 + 0 \times 2^0$$
$$= 2^4 + 2^3 + 2^1$$

変数 y，z を使って，次のように x のべき乗を計算することができます．

・y には最初 x の値を記憶しておき，順次2乗して x^2，x^4，x^8，…　の値に変えていく．

・zは最初1にしておき，順次yの値，すなわちx，x^2，x^4，x^8，…　をかけていく．ただし，指数の2進数表現でビットが0の位置ではzに何もかけない．

すなわち，次のような手順でx^{26}を計算することになります．

① 26÷2の余りが0（商13）なので，zは値を変えない（$z=1$のまま）．yは2乗してx^2に変える．

② 13÷2の余りが1（商は6）なので，$z=z\times y$　とする（$z=x^2$）．yは2乗してx^4に変える．

③ 6÷2の余りが0（商は3）なので，zは値を変えない（$z=x^2$のまま）．yは2乗してx^8に変える．

④ 3÷2の余りが1（商は1）なので，$z=z\times y$　とする（$z=x^2\times x^8$）．yは2乗してx^{16}に変える．

⑤ 1÷2の余りが1（商は0）なので，$z=z\times y$　とする（$z=x^2\times x^8\times x^{16}$）．$y$は2乗して$x^{32}$に変える．

このようにして，最終的に変数zが$x^2x^8x^{16}$の値を保存します．このアルゴリズムを一般的に表すと次のようにまとめられます．プログラム中のループの繰り返し回数は，指数nの2進数表現のビット数（$\log_2 n$）と同じですから，時間計算量は$O(\log n)$になります．

```
y=x ;
z=1 ;
while (n>0) {
   if (n%2==1) z=z*y ;
   y=y*y ;
   n=n/2 ;
}
```

第2章
データ構造

データ構造をプログラミング言語で実現するときに欠かせないのが配列，リストです．リストでは自己参照的定義に十分慣れておく必要があります．とくにC言語ではポインタ，Javaでは参照と呼ばれる機能が重要です．またここでは，スタック，キュー（待ち行列），木構造などの基本的なデータ構造についても学習します．

2.1 配　　列

配列を説明する前にリストという用語について説明します．リストという用語は二重の意味で使われるようです．たとえば『情報科学辞典』（岩波書店）では，「データ列を表すのに，列の中での前後関係をポインタによって示す形式の動的データ構造の総称．…（中略）…　リストという用語はさまざまに使われ，一般には一列に配した（印字した）ものを指す．ポインタを使ったデータ構造一般をリスト構造（list structure）ということもある」と説明されています．ここでは，データ間のつながりをポインタで示すデータ構造を**リスト**と呼んで説明を進めていきます．リストでは，プログラムの実行時にその大きさやデータ間のつながりを変えることができます．一方，配列はデータを連続に並べたもので，データ間のつながりは添字で参照されます．

配列でもリストでも，データ構造に対する基本的な操作はデータの探索・更新・削除・挿入です．これらの操作を十分に学習してください．また，リストとともに重要なものが**スタック**と**キュー**です．これらは普通，配列を使って実現されますが，後で出てくる連結リストでつくることもできます．

2.1.1　配列とは何か

■1次元配列

配列はしばしばアパートやホテルの部屋に例えられます．廊下に沿って一列に並んだ部屋には番号がついていて，郵便配達やホテルの業務がしやすくなっています．人の代わりにデータが入ると考えれば，配列も同様です．図2.1に示すように，データ構造としての配列には，データが入る部屋として**配列要素**があり，部屋番号として配列要素の**要素番号**（添字，インデックス）があります．要素番号によって，配列要素は順序づけられています．配列要素は a[0], a[1], a[2], …, a[i], …のように表します．廊下に沿って一列に部屋が並んだような配列は**1次元配列**です．

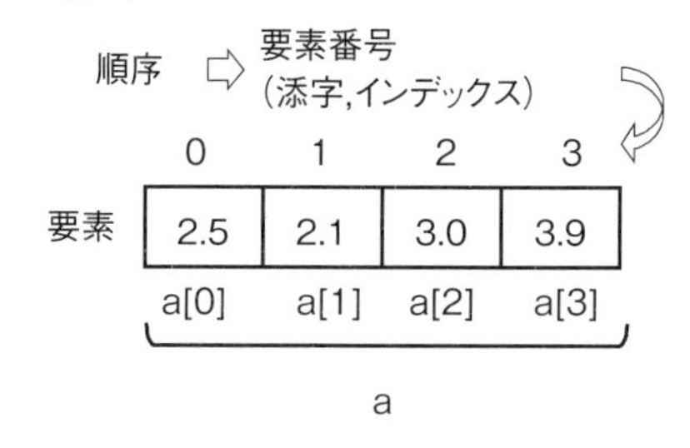

図2.1　1次元配列

■2次元配列

アパートやホテルは普通1階建てではなく，2階，3階，4階，…のように複数の階からできています．配列にもそのようなものが考えられます．このような配列は**2次元配列**です．図2.2に示した例は試験結果の記録です．2次元

〔例〕試験の点数

	学生1	学生2	学生3	学生4	学生5
4月	57	87	90		
5月	38	90	85		
6月	25	85			

	学生1	学生2	学生3	学生4	学生5
4月	a[0][0]	a[0][1]	a[0][2]		
5月	a[1][0]	a[1][1]	a[1][2]		
6月	a[2][0]	a[2][1]			

図2.2　2次元配列

配列の各要素は，a[0][0]，a[1][0]，a[2][0]，…，a[0][1]，a[0][2]，…のように表されます．１次元配列と２次元配列のイメージを描くと図2.3のようになります．

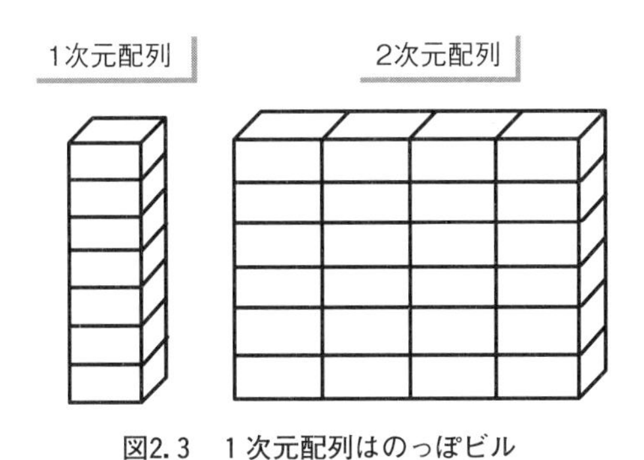

図2.3　１次元配列はのっぽビル

■配列の特徴

上に述べたように，配列は一続きのデータ格納域をもつデータ構造ですが，各要素には同じ型のデータしか入れられません．一方，配列の各要素はそれぞれが一つの変数であり，各変数には一続きの要素番号（添字，インデックス）が割り当てられています．したがって，特定のデータが格納された変数（配列要素）は，添字で指定することができます．また，配列要素の数はあらかじめプログラムの中で記述して決めますが，プログラムの実行中に配列要素の数を増やしたり減らしたりすることはできません．このようなデータ構造は**静的データ構造**と呼ばれます．以下に配列の特徴をまとめておきます．

- 要素は同じデータ型
- 添字でデータ位置が特定される
- 静的データ構造

2.1.2　配列の基本操作

ここでは，配列に格納されたデータの操作を考えましょう．目的のデータを探すことを**探索**といいます．配列のデータ操作では，あるデータを新しいデータに更新したり，削除したり，またはその要素に新しいデータを挿入したりしますが，これらの操作をする際には，まず目的のデータを見つけなければなりません．そのときに探索が必要になります．配列に格納されたデータの探索法は一般的に二つあります．一つは直接探索で，もう一つは線形探索です．また，配列要素にデータが整列して格納されているような特別な場合には2分探索法が利用できますが，この探索法については，第3章3.2節で説明します．

直接探索というのは，あらかじめ目的のデータが格納されている要素の要素番号がわかっている場合に使われる探索法です．すなわち，目的のデータが要

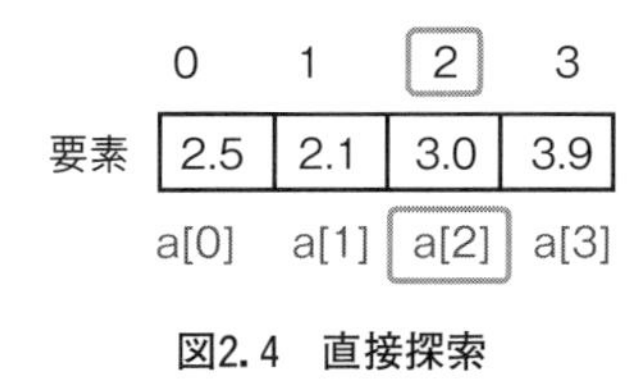

図2.4　直接探索

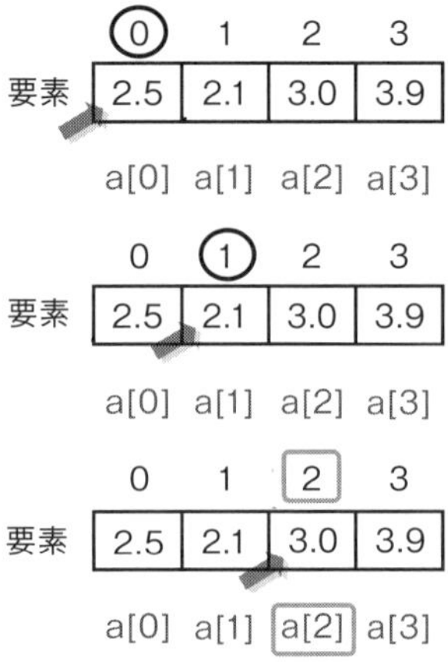

図2.5　線形探索

素番号２の要素に格納されているとすると，直接 a[2]にアクセスしてデータの更新や削除，挿入を行います．

目的のデータがどの要素に格納されているかわからない場合には，直接探索法を使うことができません．この場合のもっとも単純な探索アルゴリズムが**線形探索**で，要素番号の小さいほう（または大きいほう）から順に，配列に格納されているデータを調べていく方法です．たとえば団体でホテルに宿泊したとき，あるフロアの一続きの部屋が割り当てられましたが，友人の部屋がわからないとします．このとき友人を探すのに端から順番にノックして確認するのと似ています．たとえば図2.5のように，要素 a[2]に目的のデータがあるとすると，a[0]，a[1]，a[2]の順で格納されているデータを調べます．したがって，線形探索では最悪の場合，データの照合を行う回数は配列要素の数 n になり，アルゴリズムのオーダーは $O(n)$となります．また，平均の計算量でもオーダーは同じく $O(n)$になります．直接探索は１回の照合で目的のデータを発見するのでオーダーは $O(1)$です．

以下にデータの探索と更新，削除，挿入の手順をまとめます．

■直接探索と更新

まず，直接探索して**更新**する場合について説明します．

① 更新対象の要素番号を入力する．
② 更新したい要素番号の配列要素のデータを書き換える．

図2.6の例でいえば，要素番号２のデータ８を新しいデータ１で書き換えるときには，要素番号に２を代入し，a[2]を変数名としてデータにアクセスできるので，a[2]＝1のように書き換えることができます．

〔例〕更新対象の要素番号＝2
新しいデータ＝1

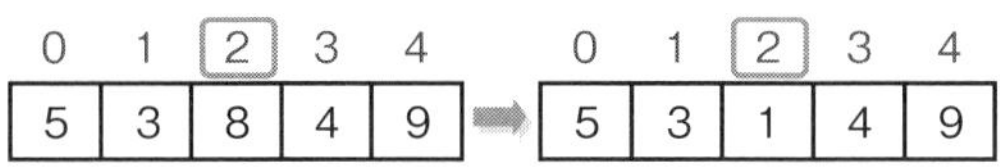

図2.6　直接探索と更新

直接探索を利用する処理の探索手順は簡単ですから，以下では線形探索だけをまとめます．なお，更新，削除，挿入のアルゴリズムは，直接探索でも線形探索でも同じです．

■線形探索と更新

線形探索してからデータを更新する場合，データの更新アルゴリズムは上の「直接探索と更新」の場合と同じです．更新の前の探索アルゴリズムだけが異なります．

① 配列の要素番号を0から1ずつ増やして配列要素のデータと更新対象のデータを照合する．

② 更新対象のデータが見つかったら，その要素の要素番号を記録する．

③ 更新したい要素番号の配列要素を書き換える．

図2.7は，データ8を新しいデータで更新する場合を表しています．配列要素 a[0]，a[1]，a[2]，…と順に探索していき，見つかったら更新します．この場合には，a[2]が1に更新されます．

〔例〕更新対象のデータ=8

新しいデータ=1

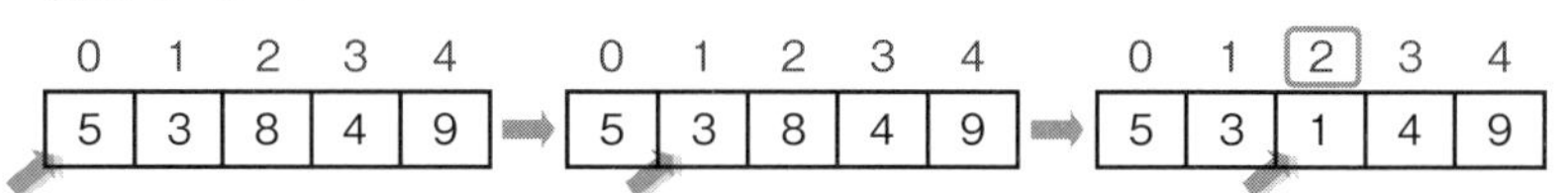

図2.7　線形探索と更新

■線形探索と削除

次はデータの削除です．アルゴリズムは次のようになります．

① 配列の要素番号を0から1ずつ増やして配列要素のデータと削除対象のデータを照合する．

② 削除対象のデータが見つかったら，その要素の要素番号を記録する．

③ 削除したい配列要素の後ろの要素を一つずつ前へコピーする．

④ 要素数を1減らす．

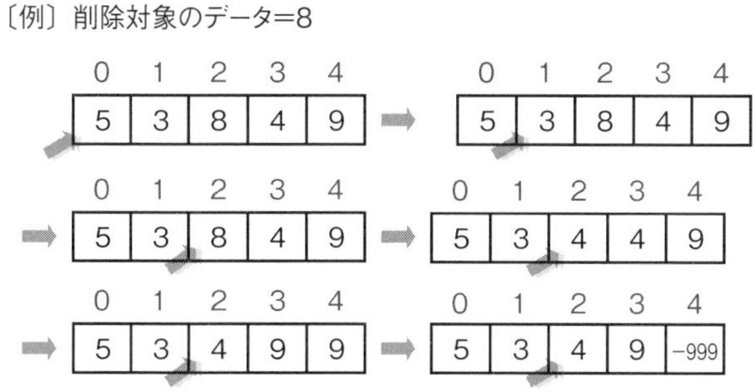

〔例〕削除対象のデータ=8

図2.8　線形探索と削除

ここで，注意しておくことがあります．④に要素数を1減らすと書きましたが，配列の特徴のところで述べたように，配列要素の大きさはプログラム実行中に減らすことはできません．ここで要素数を減らすといっているのは，減らす要素に今処理しているデータとはまったく無関係なデータを格納するという意味です．たとえば，処理しているデータが試験の点数で0から100までの数値だとすると，これらのデータには負の値はありえないので，−999などの無意味な数値を格納しておきます．図2.8の例でいえば，a[2]＝a[3]，a[3]＝a[4]，a[4]＝−999のように，順に代入処理を繰り返します．

■線形探索と挿入

データを挿入するためには，あらかじめ空の配列要素を末尾に用意しておく必要があります．アルゴリズムは次のようになります．

① 配列の要素番号を0から1ずつ増やして配列要素のデータと挿入位置のデータを照合する．
② 挿入位置のデータが見つかったら，その要素の要素番号を記録する．
③ 末尾の要素から挿入位置の要素まで，一つずつ後ろへコピーする．
④ 要素を挿入する．

図2.9の例では，a[5]＝a[4]，a[4]＝a[3]，a[3]＝a[2]，a[2]=1という代入処理をします．

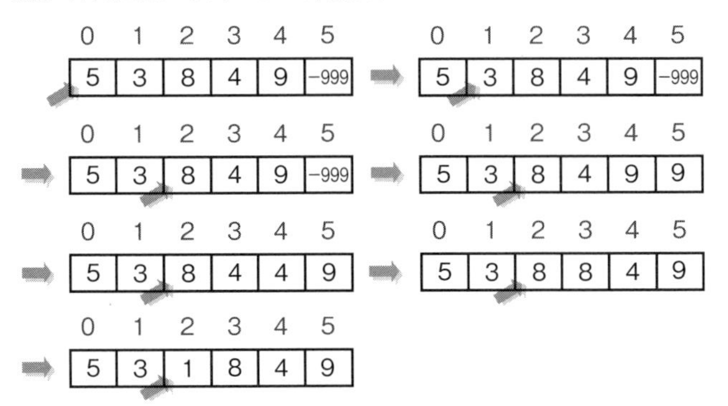

図2.9　線形探索と挿入

ここで，上に述べた配列操作のプログラム例をあげておきます．ただし，探索対象のデータが見つからない場合の処理は省かれています．

```
// 直接探索と更新：データの要素番号がわかっている（Java）
import java.io.* ;
class RenewL{
  public static void main(String args[ ]) throws IOException{
    int a[ ]={5,3,8,4,9} ;
    BufferedReader br=
    new BufferedReader(new InputStreamReader(System.in)) ;
    System.out.print("新しいデータの入力：") ;
    String intx=br.readLine( ) ;
    int x=Integer.parseInt(intx) ;
    System.out.print("新データの要素番号の入力：") ;
    String intid=br.readLine() ;
    int id=Integer.parseInt(intid) ;
    //データの更新
    a[id]=x ;
    //データの出力
     for(int i=0 ; i<5 ; i++)  System.out.println(a[i]) ;
    }
}
```

```
/* 直接探索と更新：データの要素番号がわかっている（C 言語） */
#include <stdio.h>
void main(void)
{
  int i,x,id,a[5]={5,3,8,4,9};

  printf("新しいデータの入力：");
  scanf("%d",&x);
  printf("新データの要素番号の入力：");
  scanf("%d",&id);
  /*------------ データの更新 ------------*/
  a[id]=x;
  /*------------ データの出力 -------------*/
  for(i=0;i<5;i++) printf("%d¥n",a[i]);
}
// 線形探索と更新：データはわかっているが，要素番号がわからない（Java）
import java.io.*;
class RenewL{
  public static void main(String args[ ]) throws IOException{
    int a[ ]={5,3,8,4,9};
    BufferedReader br=
      new BufferedReader(new InputStreamReader(System.in));
    System.out.print("更新対象データの入力：");
    String intx=br.readLine( );
    int x=Integer.parseInt(intx);
    System.out.print("新データの入力：");
    String inty=br.readLine();
    int y=Integer.parseInt(inty);
    //データの探索と更新
    for(int i=0;i<5;i++) if(a[i]==x) a[i]=y;
    //データの出力
    for(int i=0;i<5;i++) System.out.println(a[i]);
    }
}

/*線形探索と更新：データはわかっているが，要素番号がわからない（C 言語） */
#include <stdio.h>
void main(void)
{
```

```
  int i,xold,xnew,id,a[5]={5,3,8,4,9};

  printf("更新対象のデータ：");
  scanf("%d",&xold);
  printf("新しいデータ：");
  scanf("%d",&xnew);
    /*------ 線形探索と更新 -------*/
  for(i=0;i<5;i++)
    if(a[i]==xold) a[i]=xnew;
  /*------------ データの出力 ------------*/
  for(i=0;i<5;i++) printf("%d¥n",a[i]);
}
// 線形探索と削除：データの要素番号がわからない (Java)
import java.io.*;
class DeleteD{
  public static void main(String args[ ]) throws IOException{
    int a[ ]={5,3,8,4,9};  int id=5;
    BufferedReader br=
      new BufferedReader(new InputStreamReader(System.in));
    System.out.print("削除データの入力：");
    String sx=br.readLine( );
    int x=Integer.parseInt(sx);
    //削除したいデータの要素番号
    for(int i=0;i<5;i++) if(a[i]==x) id=i;
    //データの削除
    for(int i=id;i<4;i++) a[i]=a[i+1];
    //要素を一つ減らす
    a[4]=-999;
    //データの出力は省略
  ......................;
    }
}

/*線形探索と削除：データの要素番号がわからない (C言語) */
#include <stdio.h>
void main(void)
{
  int i,x,id=5,a[5]={5,3,8,4,9};
  printf("削除データの入力：");
```

```
  scanf("%d",&x);
  /*--- 削除したいデータの要素番号 ---*/
  for(i=0;i<5;i++)
    if(a[i]==x) id=i;
  /*------------ データの削除 ------------*/
  for(i=id;i<4;i++)  a[i]=a[i+1];
  /*---------- 要素数を一つ減らす ---------*/
  a[4]=-999;
  /*---------- データの出力 ----------*/
  for(i=0;i<5;i++) printf("%d¥n",a[i]);
}

// 挿入する要素番号がわからないとき --- x の前に挿入 (Java)
import java.io.*;
class InsertL{
  public static void main(String args[ ]) throws IOException{
    int a[ ]={5,3,8,4,9,-999};
    int id=6;
    BufferedReader br=
      new BufferedReader(new InputStreamReader(System.in));
    System.out.print("挿入したいデータ：");
    String six=br.readLine();
    int ix=Integer.parseInt(six);
    System.out.print("挿入位置のデータ：");
    String sx=br.readLine();
    int x=Integer.parseInt(sx);
    //挿入位置番号の探索(線形探索)
    for(int i=0;i<6;i++)  if(a[i]==x) id=i;
    //データを後ろに移動
    for(int i=5;i>=id;i--) a[i]=a[i-1];
    //データの挿入
    a[id]=ix;
    //新しい配列の出力 -----------*/
    for(int i=0;i<6;i++)  System.out.println(a[i]);
  }
}

/* 挿入する要素番号がわからないとき --- x の前に挿入 (C 言語) */
#include <stdio.h>
```

```
void main(void)
{ int i,x,id=6,ix,a[6]={5,3,8,4,9,-999};

  printf("現在のデータ¥n");
  for(i=0;i<6;i++) printf("%d¥n",a[i]);

  printf("挿入したいデータ:"); scanf("%d",&ix);
  printf("挿入したい場所のデータ:"); scanf("%d",&x);
  /*----- 挿入位置番号の探索(線形探索)-----*/
  for(i=0;i<6;i++) if(a[i]==x) id=i;
  /*---------- データを後ろに移動 ---------*/
  for(i=5;i>=id;i--) a[i]=a[i-1];
  /*------------ データの挿入 ------------*/
  a[id]=ix;
  /*----------- 新しい配列の出力 -----------*/
  for(i=0;i<6;i++) printf("%d¥n",a[i]);
}
```

2.2 リスト

配列は静的なデータ構造でした．すなわち，配列を宣言してあるプログラムを実行したら，プログラムが終了してからプログラムを書き換えなければ，配列の要素数を変えることはできません．しかし，リストを使うとプログラムの実行中にデータを記録する要素（節点）を増やしたり減らしたりすることができます．このようなデータ構造は**動的データ構造**と呼ばれます．

2.2.1 リストとは何か

先に述べたように，**リスト**という用語は一般的にはさまざまな意味で用いられます．広い意味ではデータが一列に並んだものをいいます．クラスの名前が書かれたリスト，マラソン大会の出場者のリスト，サークル会員の電話番号リストなどいろいろなリストがあります．しかし，ここでいうリストは，「データ列の中での前後関係をポインタで示す形式の動的データ構造の総称」（岩波書店『情報科学辞典』）です．**ポインタ**とはC言語で用いるポインタのことですが，Javaではしばしば**参照**という言い方をします．ポインタまたは参照とは，記憶域上にデータが格納されたアドレスを指し示すことです．

リストの要素は節点と呼ばれることがあります．節点はデータを格納するデータ部と他の節点を指し示す参照部からできています（図2.10）．図2.11のように，参照部は他の節点を指し示し，参照された節点の参照部はさらに他の節点を指し示します．このようにして一続きのリストができあがります．リストの最後の接点はどの節点も指し示しません．どの節点も参照していないとき，参照部はnullになります．nullはラテン語のnullusが語源で，ne（not）＋ullus（any）つまり0とか「無い」を意味します．

リストには，図2.11のように参照部から参照された節点が他の節点を指す**連結リスト**や，参照された節点が逆に参照元の節点を指し示す**双方向リスト**（図2.12），さらに最後の節点の参照部が最初の節点を指し示す**循環リスト**（図2.13）などがあります．

連結リストと配列の違いをよく理解してください．それぞれに利点と欠点があります．配列の要素数はプログラムを記述するときに決めますが，連結リストではプログラムの実行中に必要なだけ要素を増やしたり，逆に減らしたりすることができます．配列は要素番号で順序づけられているので，要素番号がわかっていれば要素を探索する計算量は$O(1)$です．これに対して連結リストで

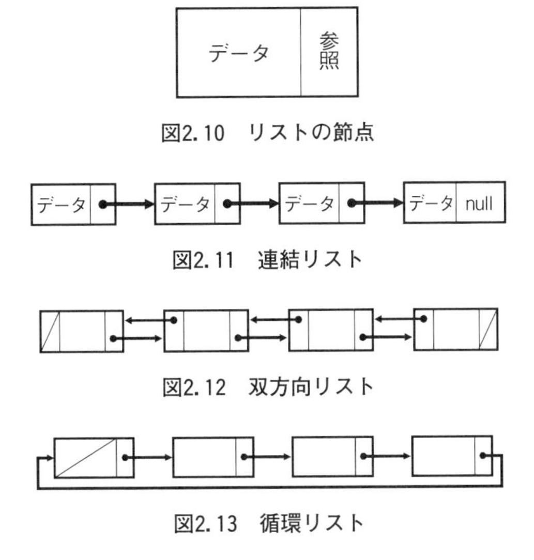

図2.10 リストの節点

図2.11 連結リスト

図2.12 双方向リスト

図2.13 循環リスト

は，節点を探索するときの計算量は基本的に$O(n)$です．連結リストでは，要素と要素は参照で関連づけられています．連結リストを理解するには，参照が不可欠です．ここで，リストの利点と欠点をまとめておきます．

〔利点〕
- 実行中に大きさを変えられる．
- 項目の並べ替えが容易（節点の移動，挿入など）．
- 項目の削除が容易．

〔欠点〕
- 直接探索ができない（ポインタの内容，すなわちアドレスが明示されない）．

2.2.2　連結リストの作り方

リストを実現するときには**自己参照的**な節点を定義する必要があります．これはJava言語でもC言語でも同様です．自己参照的とは，節点の参照部が自分自身と同じ型の節点を指し示す参照型であるということです．これを理解するときに大事な点は，Javaでいうと，参照部はデータが格納されている記憶域のある箇所（オブジェクト）を指し示しているだけで，参照部にデータが格納されているわけではないということです．これはC言語でも同様で，C言語の場合にはポインタ部がデータ格納域を指し示しています．

ここで，Javaを用いて連結リストを生成する例を示しましょう．図2.15は

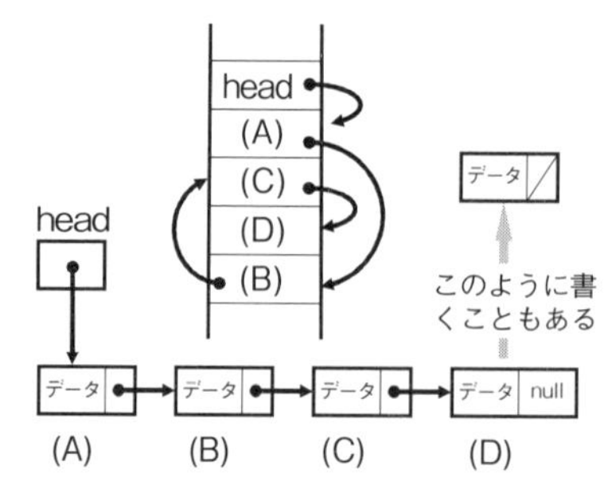

図2.14　参照部はデータがあるアドレスを参照する

```
class Link{
  public char moji ;
  public int kazu ;
  public Link next ;
}
```

(a)

```
Link(char m, int k){
   moji=m ;
   kazu=k ;
}
```

(b)

図2.15 節点を定義するクラス（a）とコンストラクタ（b）

データを格納する単位である**節点**（セル cell，節 node）を定義するクラスとコンストラクタの例です．ここでは，文字型および十進数型のデータを格納できる二つの変数 moji と kazu をもつ節点を定義しています．また，このクラスと同じ型のオブジェクトを参照する変数として next を定義しています．

図2.16は連結リストを生成するクラスのコード（一部）を示しています．①のコードは，先頭の節点を参照する変数を定義しています．変数名は head としていますが，どんな名前でもかまいません．ここでオブジェクト head を生成した段階では，まだどの節点も参照していないので，このオブジェクトは null です．

図2.17は，図2.16の②のメソッドです．これは，節点のオブジェクトを生成して連結リストを作るためのメソッド makeList と，このメソッドを実行したときのオブジェクトと参照の関係を模式的に示しています．②で生成した Link 型オブジェクトの節点を①で p が参照します．次に③で，ここで生成した節

```
class createList{
① private Link head ;
  .......
② public void makeList (char m, int k){
  .......
  }
  .......
}
```

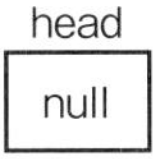

図2.16 連結リストを生成するクラス

```
public void makeList(char m, int k){
  Link ①p ②= new Link(m, k);
  ③p.next= head;
  ④head = p;
}
```

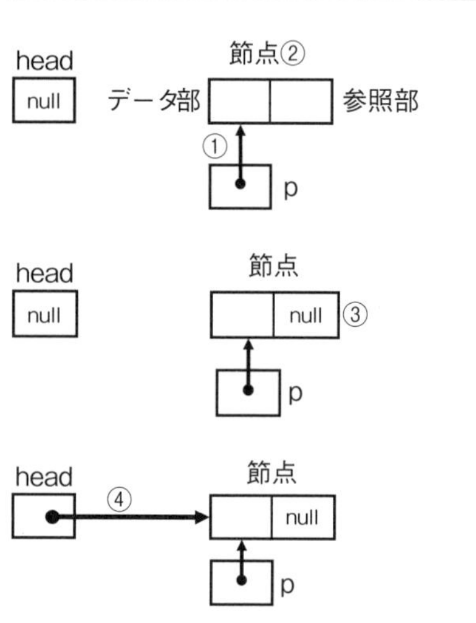

図2.17　メソッド makeList の実行（1回め）

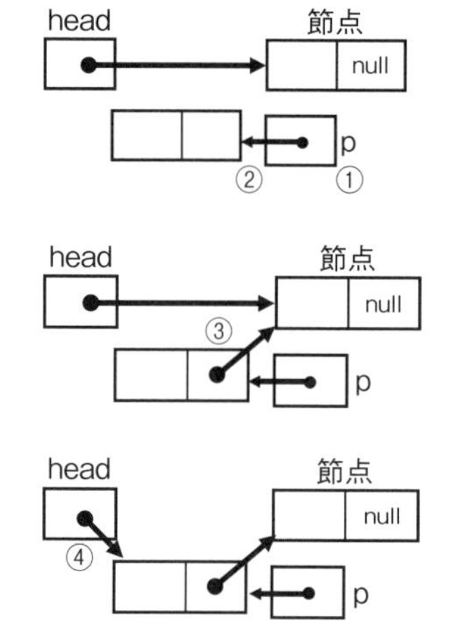

図2.18　メソッド makeList の実行（2回め）

```
struct link{
  char moji ;
  int kazu ;
  struct link *next ;
}
```

データ	← ポインタ
moji, kazu	next

図2.19 C言語で節点を定義する自己参照的構造体

点の参照部にheadの値nullが代入されます．最初はheadの値はnullですが，次の実行からはheadにリストの先頭場所を指すアドレスが記憶されているので，pがリストの先頭に位置することになります．最後に④で，headが節点を参照します．

このメソッドmakeListをもう一度実行したときの様子を図2.18に示します．まず，②によって新しい節点が作られpはこの節点を参照します．次に，③によって新しく作られた節点の参照部が先に作られた節点を参照します．最後に，④によってheadが新しく作られた節点を参照します．このようにして，メソッドmakeListを実行することで次々と節点を追加し，連結リストを作ることができます．

以上はJavaを用いた連結リスト生成の例ですが，C言語の場合についても参考までに簡単に触れておきます．上の説明では，Linkクラスで節点を自己参照的に定義しましたが，C言語では図2.19のような**自己参照的構造体**を用いて節点を定義します．C言語ではポインタを用いて，節点と節点を結びつけます．C言語を用いた連結リストの操作は，Javaを用いた場合とほとんど同じように行いますが，節点を生成する方法や節点を削除した後の節点の解放が少し異なります．これらの相違点については，以下，節点の挿入，削除のところで説明します．

2.2.3 連結リストの基本操作

ここでは，図2.20のような連結リストに格納されたデータの操作を考えましょう．配列のところで説明したのと同様に，目的のデータを探す探索，あるデータを新しいデータに更新する，または削除する，さらにその要素に新しいデータを挿入するなどです．なお，以下の説明では節点のクラスを図2.21のよ

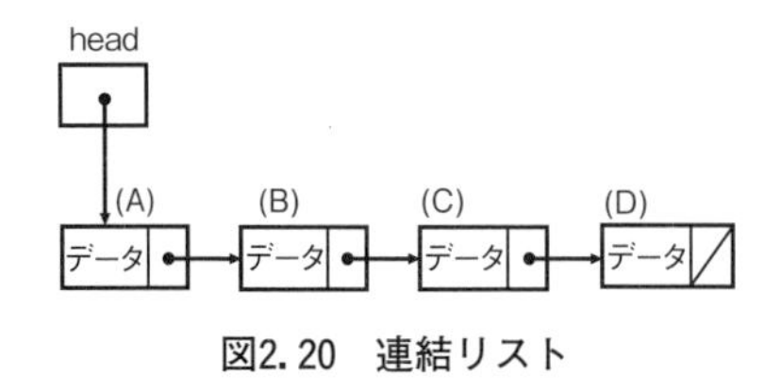

図2.20　連結リスト

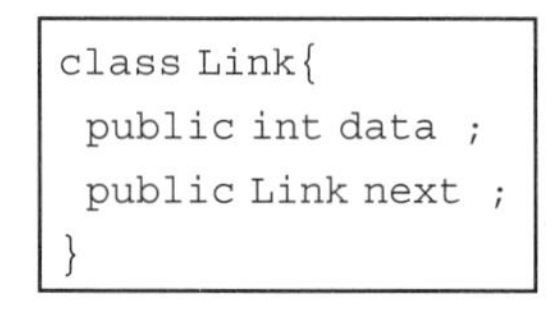

```
class Link{
 public int data ;
 public Link next ;
}
```

図2.21　クラスの定義

うに定義します（C言語の場合にも自己参照的構造体を同様なメンバー名で定義することにします）．

■**探索**（図2.22）

探索したいデータが変数xに格納されているとします．また，節点を参照する変数としてpを定義します．連結リストから目的のデータを見つける手順は，次のようになります．

① 先頭の参照（head）が指す節点をpが指すようにする（p=head）．

② pが指す節点のデータ部（p.data）と目的のデータ（x）が同じなら終了する．違うなら③へ進む．

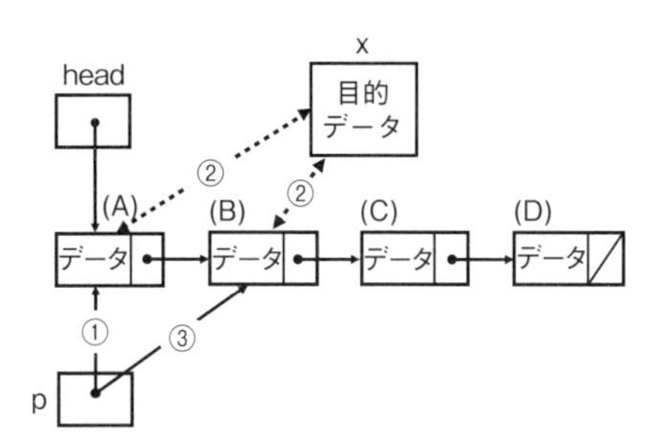


```
Link ① p = head ;
while( ② x != p.data){
③ if(p.next == null)return null ;
  else p = p.next ;
}
return p ;
```

（Javaのコード）

```
① p = head ;
while( ② x != p->data) {
③ if(p->next == null)return null ;
  else p = p->next ;
}
return p ;
```

（Cのコード）

図2.22　探索とコードの例：Javaでp.dataは，Cではp→dataとなる

③ pがnullなら終了する．nullでなければ，pが指す節点の参照（p.next）が指す節点をpが指すようにする（p＝p.next）．

④ ②に戻る．

①から④までの手順を実行することにより，参照変数pは連結リストの先頭の節点から順に後ろの節点を探索していきます．すなわち，2.2.1項で述べたように，連結リストの探索は線形探索です．したがって，節点の数をnとして計算量は$O(n)$になります．以下に説明する更新，削除，挿入についても，最も手間がかかるのは，これらのアルゴリズムに含まれる探索の部分ですから，更新，削除，挿入の計算量はいずれも$O(n)$になります．なお，以下の更新，削除，挿入のアルゴリズムとプログラムコードでは，探索対象のデータが存在しない場合，すなわちpがnullになる場合を省いて説明しています．

■更新（図2.23）

更新対象データが変数xに格納されていて，新しいデータはxnewに格納されているとします．また，参照変数pを定義しておきます．

① 更新対象データを探索する（参照pが更新対象の節点を指す）．

② 新しいデータで更新対象データを書き換える（p.data＝xnew）．

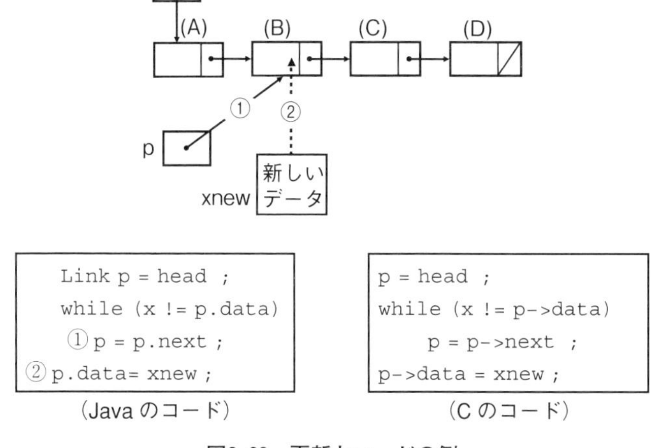

図2.23 更新とコードの例

■削除（図2.24）

リストの先頭の節点を削除するアルゴリズムと先頭より後の節点を削除するアルゴリズムは異なります．まず，先頭より後の節点を削除する方法を説明します．削除対象のデータが変数xに格納されているとします．変数xに格納されているデータと同じ値のデータを連結リストから見つけて削除します．参照変数p，qを定義しておきます．削除したいデータはpが指す節点に入っているとします．

① qが先頭の節点を指すようにする．

② pがqの次の節点を指すようにする．

③ pを使って削除対象データを探索し，pが目的のデータの節点を指すようにする．その際にqはpの直前の節点を指すようにする．

④ 削除する節点（C）の直前の節点（B）の参照が（C）の次の節点（D）を指すようにする（q.next＝p.next）．

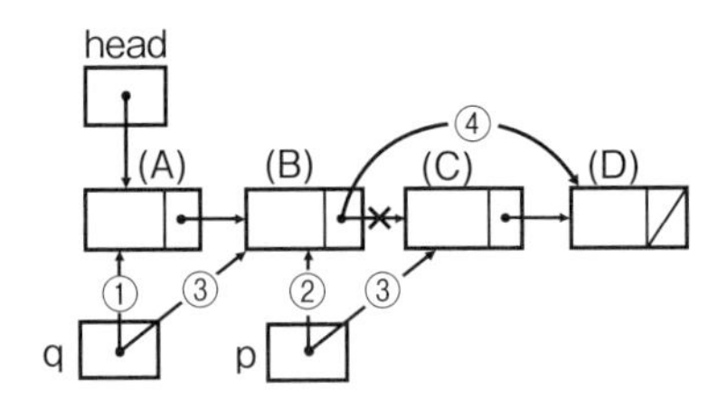


```
①Link q = head ;
②Link p = q.next ;
③while (x != p.data){
    q=p ;
    p = p.next ;
  }
④q.next= p.next ;
```

（Javaのコード）

```
q = head ;
p = q -> next ;
while (x != p -> data){
   q=p ;
   p = p -> next ;
}
q -> next = p -> next ;
free(p) ;
```

（Cのコード）

図2.24　削除とコードの例

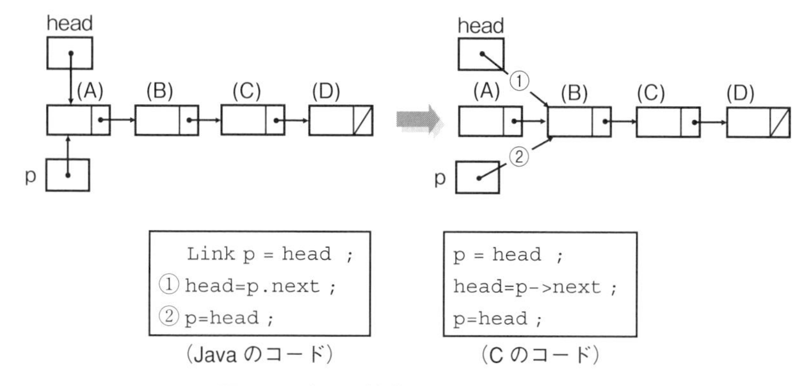


```
  Link p = head ;
① head=p.next ;
② p=head ;
```

（Java のコード）

```
p = head ;
head=p->next ;
p=head ;
```

（C のコード）

図2.25　先頭の節点の削除とコードの例

※　Java では削除した節点はプログラムで指示しなくても解放される．
（**ガーベイジ・コレクション**，garbage collection）
※　C 言語では free 関数を用いて削除した節点を開放しなければならない．
（free(p)）

なお，リストの先頭の節点を削除する場合は，次のように別の処理をすることになります（図2.25）．

① head が，p が指す節点の次の節点を指すようにする（head＝p.next）．
② p が head が指す節点を指すようにする（p＝head）．

■挿入（図2.26）

すでにデータが格納された節点 X を連結リストに挿入しましょう．参照変数 p，pp を定義しておきます．

① 挿入位置直前の節点（B）を探索する（p は B を指す）．
② 参照 pp が新しく作った挿入する節点（X）を指すようにする．
※　C 言語では構造体の名前を list とするとき，次のコードを用いる．
pp＝(struct list*)malloc(sizeof(struct list))
③ （X）の参照部が（B）の次の節点を指すようにする（pp.next＝p.next）．
④ （B）の参照部が（X）を指すようにする（p.next＝pp）．

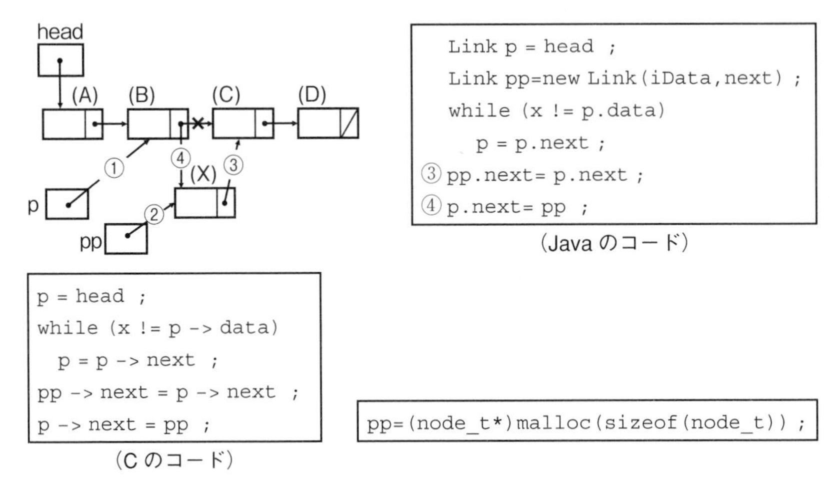

(C の場合は malloc 関数で生成した節点（X）を pp に代入しておく)

図2.26　挿入とコードの例

2.3　スタックとキュー

配列や連結リストはデータを記録するのに適したデータ構造です．たとえば，同好会の会員名簿，社員名簿，マラソン大会の参加申込者リスト，在庫データなど，さまざまなデータの記録に利用することができます．しかし，ここで取り上げるスタックやキューはデータの記録というよりは，データを加工したり，データ処理の準備をするための作業場として有効なデータ構造です．たとえば，連結リストで使われた自己参照的なクラスの定義をメモリ上で実現する場合や，後で述べるある種の数式の計算などにスタックが用いられるほか，キューはプリンタに送られたデータを順次取り出して印刷する場合などに利用されます．

2.3.1　スタック

スタック（stack）は，積み重ねるという英語から来た用語です．たとえば，机の上に本を積み重ねる場合を想像してください．レポート作成のために図書館から本を何冊か借りてきて調べ始めました．ある本を調べているときに，他の本でも同様な箇所を調べることになり，それまでの本を机の上に置きます．

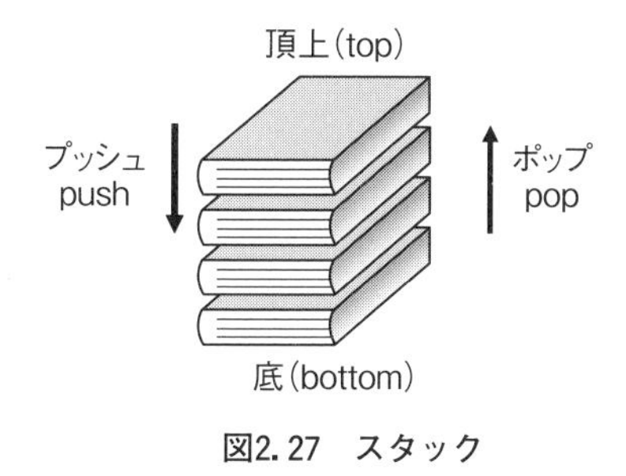

図2.27　スタック

調べがついて，今見ていた本を前の本の上に重ねて，さらに別の本を手にします．このように多くの本で調べ物をしたときに，しばしば本が机の上に積み重ねられます．このような状態をスタックといいます．積み上げた本の中からまた必要になった本を取り出すときには，上から順に取り出して目的の本がどこにあるか探します．(山積みした途中の本を抜き出すこともありますが，今はそのようなことはしないことにします．)

データを記憶域に順に格納して，取り出すときには最後に格納したデータから取り出すことになります．格納したデータのどこでもアクセスできるわけではなく，常に一番上のデータだけにしかアクセスできません．最後に格納したデータが最初に取り出される仕組みを**後入れ先出し**（**LIFO**，Last-In First-Out）といいますが，スタックはこの仕組みを実現したデータ構造であるといえます．

積み上げられたデータの最上部は頂上（top），一番下は底（bottom）といいます．また，データを格納することをプッシュ（push），データを取り出すことをポップ（pop）といいます．

2.3.2　スタックの操作

図2.28にプッシュとポップの例を示しました．ここでは，データxをプッシュすることをpush(x)，ポップすることをpop( )という記号で表すことにします．したがって，たとえばpush(5)はデータ5をスタックに格納する操作を表し，pop( )はスタックの頂上にあるデータを取り出す操作を表します．図2.28の例では，まず，push(5)で5をプッシュし，続けて3，7を格納します．その後，ポップすると7が取り出され，スタックには5，3が残ります．

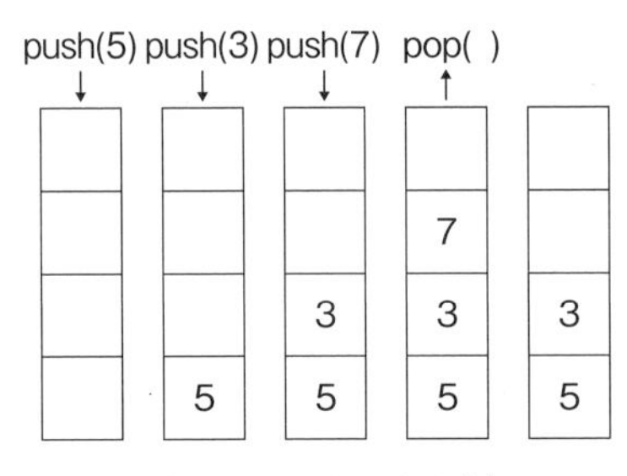

図2.28　スタックの例

問題2.1　右のような配列でスタックをつくり，次の関数push(x)とpop( )を使って(1)～(3)の操作をした．最終的なスタックの内容と，そのときのスタックの頂上（top）の要素番号を求めなさい．ただし，スタックの底は要素番号0の要素である．

要素番号	配列要素
5	
4	
3	
2	
1	
0	

push(x)　：データxをスタックに積む（プッシュする）．

pop( )　：データをスタックから取り出す(ポップする)．

(1)　push(3) → push(5) → pop( ) → push(1)

(2)　push(8) → pop( ) → push(2) → push(6) → pop( )

(3)　push(4) → push(7) → push(3) → pop( ) → push(9) → pop( ) → pop( ) → push(5)

では，スタックに対するデータの格納と取り出し，すなわちプッシュとポップのアルゴリズムについて説明しましょう．ここでは，スタックを配列で表現するものとして説明します．スタックの頂上を指す変数を用意します．これをスタックポインタと呼び，ここでは変数topで表すことにします．

■プッシュの手順

①　配列の大きさの上限とスタックポインタを比較して，同じならオーバーフロー，そうでなければ②へ進む．

②　スタックポインタ（top）に1を加える．

③　配列にデータを格納する．

図2.29で説明すると，最初に要素stack[1]を指していたスタックポインタtopに1を加えると，スタックポインタtopは空の要素stack[2]を指します．そこに，データ4をプッシュしてスタックは新しい状態になります．なお，プログラムコードは，プッシュ処理の部分についてはJavaでもCでも同じです．

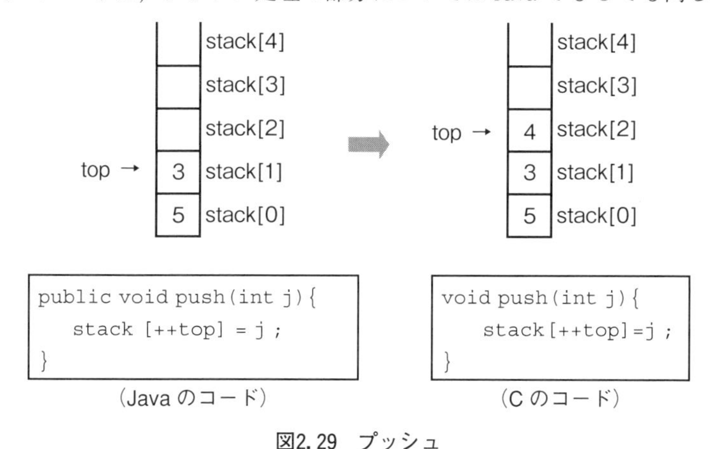

図2.29 プッシュ

■ポップの手順

① 配列の大きさの下限とスタックポインタを比較して，同じならスタックは空，そうでなければ②へ進む．
② スタックからデータを取り出す．
③ スタックポインタ（top）を1減らす．

図2.30では，スタックのトップの要素stack[2]からデータ4をポップしたあと，スタックポインタtopが1減らされた状態を表しています．ポップについても，この処理のプログラムコードは同じです．

なお，配列を用いて実現したスタックのプログラム例を以下に示しておきます．

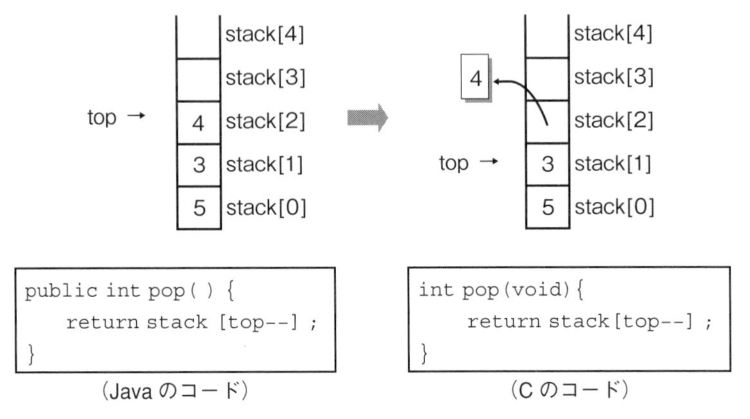

図2.30　ポップ

```
// スタックのプログラム例（Java）
import java.io.* ;
class Stack{
  private int stSize ;          // スタック配列の大きさを表す定数
  private double[ ] Stack ;     // スタックに使う配列変数
  private int top ;             // スタックのトップを指すポインタ変数

  public Stack(int x){          // コンストラクタ
    stSize = x ;
    Stack = new double[stSize] ;
    top = -1 ;                  // スタックポインタの初期値
  }
  public void push(double j){   // データを入れる（プッシュ）
    Stack[++top] = j ;          // スタックポインタを1増やしてからデータ
を入れる
  }
  public double pop( ){         // データを取り出す（ポップ）
    return Stack[top--] ;       // データを取り出してからスタックポインタを
1減らす
  }
  public double peek( ){        // トップの値を返す
    return Stack[top] ;
  }
  public boolean iniStack{      // スタックポインタを初期値に戻す
```

```
    return(top==-1) ;
  }
}

class StackExample{
  public static void main(String[ ] args){
    Stack stackData = new Stack(10) ;  // 新しいスタックを作る
    // スタックにデータを入れる(プッシュ)
    stackData.push(20) ;
    stackData.push(40) ;
    stackData.push(60) ;
    stackData.push(80) ;
    // スタックからデータを取り出す（ポップ）
    while( !stackData.iniStack( ) ){
      double value = stackData.pop( ) ;
      System.out.println(value) ;
    }
  }
}
```

```
/* スタックのプログラム例（C 言語）*/
#include <stdio.h>
#define ST_SIZE 8
char stack[ST_SIZE] ;
int top=-1 ;

void push(void) ;
void pop(void) ;
void disp(void) ;

int main(void){
  char ch[2] ;
  while(1){
    printf("Pu : push, Po : pop, Qi : quit ? ") ;
    scanf("%s",&ch) ;
    switch(ch[1]){
      case 'U' :
      case 'u' :
        push() ;
        break ;
```

```
        case 'O' :
        case 'o' :
           pop() ;
           break ;
        default :
           return 0 ;
     }
     disp( ) ;
   }
}
void push(void){
  if(top==ST_SIZE-1) printf("スタックはオーバーフロー¥n") ;
  else stack[++top]='*' ;
}
void pop(void){
  if(top==-1) printf("スタックは空¥n") ;
  else top-- ;
}
void disp(void){
  int i ;
    for(i=0 ; i<=top ; i++)
    printf("%c ",stack[i]) ;
  putchar('¥n') ;
}
```

2.3.3　逆ポーランド記法

ここでスタックの応用として数式の記述法の一つである**逆ポーランド記法**（reverse Polish notation）を説明します．通常，私たちが用いる数式の記法は中置記法（prefix notation）と呼ばれるものです．これは$(1+2)\times4$のような数式記法で，1に2を加える場合，足し算する二つの数字の間に＋を書きます．つまり，演算される数字の間に演算子（＋）を書きます．この場合には，計算の優先順位を変えるときにカッコが必要になります．一方，逆ポーランド記法ではカッコが不用です．逆ポーランド記法では，演算される二つの数字を先に書き，それに続けて演算子を書きます．中置記法で表した上の式を逆ポーランド記法で書くと，$1\,2+4\times$のようになります．そして計算するときには，左から順に計算していきます．計算式を左から順に処理していけば計算結果が得られるという計算方法は，計算式をスタックで処理するのに好都合です．

逆ポーランド記法は後置記法（postfix notation）とも呼ばれます．また，中置記法，後置記法のほかに前置記法（prefix notation）があり，これはポーランド記法（Polish notation）とも呼ばれます．「前置記法」という名称から想像できるように，この記法は逆ポーランド記法とは反対に先に演算子を書き，それに続けて演算される二つの数字を書きます．上の数式の例を「前置記法」で書くと，×＋１２４となります．これらの数式記法を木の走査との関連で説明することもできます．これについては，章末で【参考】として触れることにします．ポーランド記法という名称は，ポーランドの論理学者 Jan Lukasiewitcz（英語表記）に因んだものです．

私たちが慣れ親しんでいる中置記法の数式を後置記法つまり逆ポーランド記法で表す方法を説明しましょう．中置記法の数式は，次のような形をしています．

　　「数１」＋「数２」，

　　（「数１」＋「数２」）×（「数３」＋「数４」）

など．

「数」を「式」とみなせば，これらは次のように表されます．

　　「式１」＋「式２」　（ただし＋のところは，×，－，÷などどんな演算子でもよい．）

この式を

　　「式１」「式２」＋

と表すのが逆ポーランド記法です．「式」の中に「式」が入っている場合にも同様に考えればよいので，たとえば中置記法では

　　（「式１」＋「式２」）×（「式３」＋「式４」）

のような場合に，逆ポーランド記法では，次のように書き換えられます．

　　（「式１」＋「式２」）（「式３」＋「式４」）×

　→「式１」「式２」＋「式３」「式４」＋×

したがって上の例，(1＋2)×4を順に書き換えて逆ポーランド記法で表すと，次のようになります．

　　(1＋2)×4

$\to (1+2)4\times$

$\to 1\ 2+4\times$

もう少し複雑な例として，次の式を試してみましょう．

$\{(1+2)\times 3+4\}\times(5-6)$

演算の優先順位を考えれば，カッコの数はこれで十分ですが，説明をわかりやすくするために，カッコを増やして次のように書いてみます．

$[\{(1+2)\times 3\}+4]\times(5-6)$

逆ポーランド記法にカッコは必要ないのですが，カッコを使って，この式を書き換えてみましょう．

$[\{(1+2)\times 3\}+4]\times(5-6)$

$\to [\{(1+2)\times 3\}+4](5-6)\times$

$\to [\{(1+2)\times 3\}+4](5\ 6-)\times$

$\to [\{(1+2)\times 3\}4+](5\ 6-)\times$

$\to [\{(1+2)3\times\}4+](5\ 6-)\times$

$\to [\{(1\ 2+)3\times\}4+](5\ 6-)\times$

ここでカッコを外すと

$\to 1\ 2+3\times 4+5\ 6-\times$

となって，逆ポーランド記法の式が得られます．

問題2.2　上の説明で得られた逆ポーランド記法の式

$1\ 2+3\times 4+5\ 6-\times$

を計算して，正しい計算結果が得られることを確かめよ．

逆ポーランド記法の例題2.1と問題2.3を記しておくので，参考にしてください．数式計算のアルゴリズムを考えるとき，逆ポーランド記法は大変便利です．数式計算をスタックで処理する手順を以下にまとめておきます．

①　数値をスタックにプッシュする．

②　＋，－，×，÷など演算子が現れたら，スタックから数値を二つ取り出して計算する．

③　計算した結果をスタックに格納する．

④ ①～③を繰り返す.

⑤ すべての数値をプッシュし終えたら終了である．計算結果はスタックの底（ボトム）に格納されている.

例題2.1 「中置記法」で表した次の計算式を逆ポーランド記法で書き，逆ポーランド記法による計算のアルゴリズムに従って，計算の様子をスタックの図に記入しなさい.

(1) 1＋2－4

[解答]

1 2＋4－

数値を順にスタックに入れていき，演算子が来たら，スタックの上二つの数値をその演算子に従って計算する．計算に使った二つの数値は消えて，代わりに計算結果がスタックに入る.

スタックで計算する様子

	1↓	2↓	＋	4↓	－
		2		4	
	1	1	3	3	－1

(2) 1＋2×4

[解答]

1 2 4×＋

	1↓	2↓	4↓	×	＋
			4		
		2	2	8	
	1	1	1	1	9

(3) (1＋2)×4

[解答]

1 2＋4×

	1↓	2↓	＋	4↓	×
		2		4	
	1	1	3	3	12

問題2.3　例題2.1にならって，中置記法で表した次の計算式を逆ポーランド記法で書き，逆ポーランド記法による計算のアルゴリズムに従って，計算の様子をスタックの図に記入しなさい．

（1）　2×3＋4

（2）　(2×3＋4)×5

（3）　((7＋3)×2＋1)×4

2.3.4　キュー

キュー（queue）は，英語では「行列」という意味，フランス語では「行列」や「しっぽ」を意味します．たとえば，映画のチケットを買うのに並ぶ場合を想像してください．後から来た人は列の最後に並びます．そして，列の先頭の人から順にチケットを買って映画館に入場します．このように，データを記憶域に順に格納して，取り出すときには最初に格納したデータから取り出すデータ構造をキューといいます．スタックの場合と同様に，格納したデータのどこでもアクセスできるわけではなく，常に先頭のデータだけにしかアクセスできません．この仕組みは，最初に格納したデータが最初に取り出されるので，**先入れ先出し**（**FIFO**，First-In First-Out）といいます．キューはこの仕組みを実現したデータ構造です．

2.3.5 キューの操作

図2.32にキューに対する操作の例を示しました．キューにデータを加えることをエンキュー（enqueue），データを取り出すことをデキュー（dequeue）といいます．なお，フランス語では，en は「中に入れる」を意味する接頭語で，de（dé）は「分離」を意味する接頭語です．

ここでは，データ x をエンキューすることを enqueue(x)，デキューすることを dequeue( )という記号で表すことにします．図2.32の例では，まずデータ5をエンキューしています．その後，3，7をエンキューした後，デキューによってデータ5，3を取り出しています．さらにその後，データ4をエン

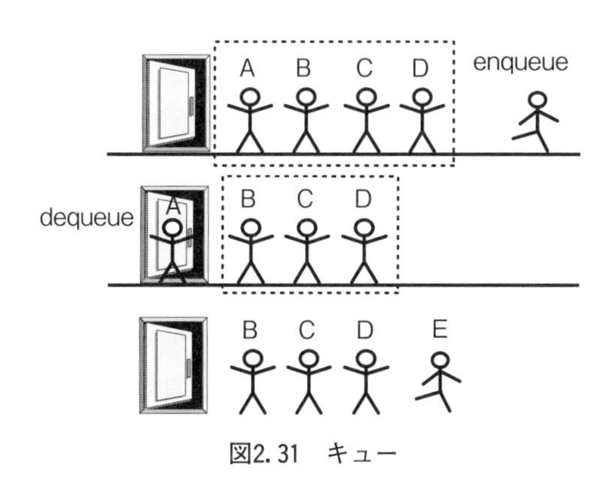

図2.31 キュー

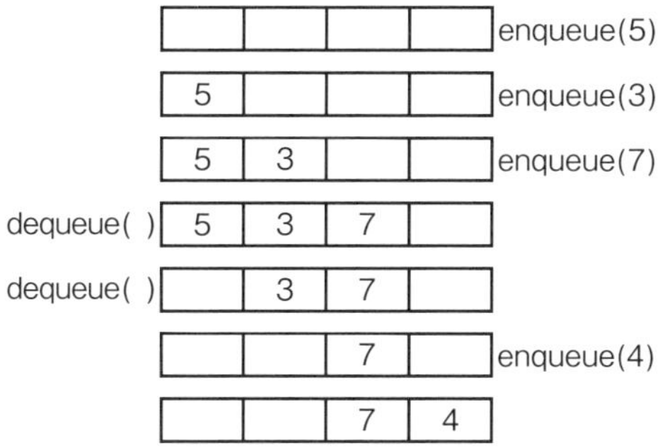

					enqueue(5)
	5				enqueue(3)
	5	3			enqueue(7)
dequeue( )	5	3	7		
dequeue( )		3	7		
			7		enqueue(4)
			7	4	

図2.32 キューの操作

キューして，結局キューはデータ7と4が格納された状態になっています．

では，キューに対するデータの格納と取り出し，すなわちエンキューとデキューのアルゴリズムについて説明しましょう．配列を用いてキューを実現する場合を考えます．配列名をqueX[ ]，配列の大きさはqueSizeで表し，キューに格納されているデータの先頭を指す変数（ポインタ）としてfront，末尾を指す変数（ポインタ）としてrearを用意します．もちろん，配列の大きさを表す定数名やキューの先頭，末尾を指す変数名は他の名前でもまったく問題ありません．ここでは，Javaでキューを実現する場合に次のクラスとコンストラクタを用いることにします．（ここで「ポインタ」は，記憶域のある場所を参照するのに用いられるC言語のポインタではなく，単に「指す」という意味で使っています.）

```
class Queue{
  private int queSize ;
  private int[ ] queX ;
  private int front ;
  private int rear ;
  private int nItems ;

  public Queue(int s){     // コンストラクタ
    private queSize = s ;
    private queX = new int[queSize] ;
    private front = 0 ;
    private rear = -1 ;
  }
}
```

これによって，図2.33のような配列が作成されます．

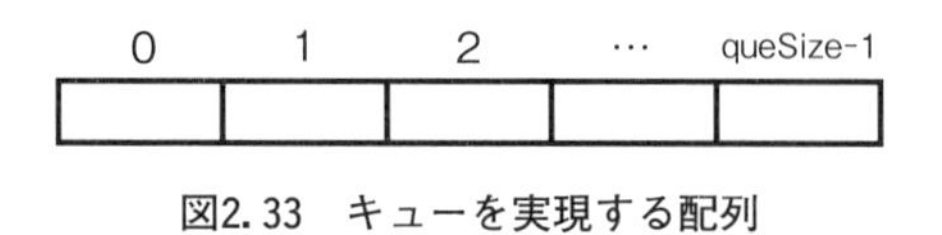

図2.33　キューを実現する配列

では，キューに対するデータの格納と取り出し，すなわちエンキューとデキューのアルゴリズムについて説明しましょう．

■エンキューの手順

① 末尾を表すポインタ（rear）に1加える．

② キューの末尾（rear）にデータを格納する．

③ 格納するデータがなければ終了する．そうでなければ①に戻る．

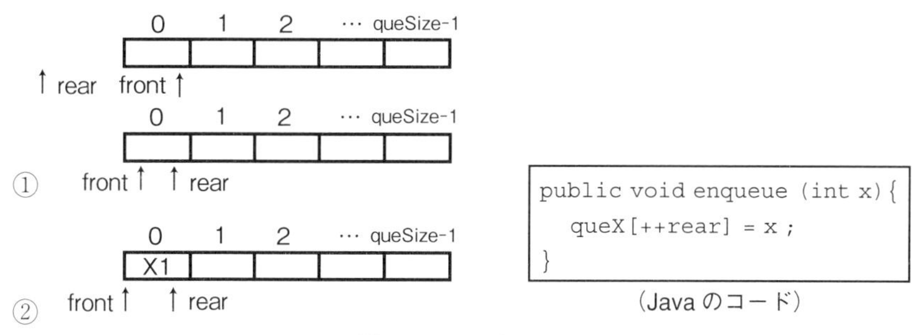

図2.34　エンキュー

■デキューの手順

① キューの先頭（front）からデータを取り出す．

② 先頭を表すポインタ（front）に1加える．

③ 取り出すデータがなければ終了する．そうでなければ①に戻る．

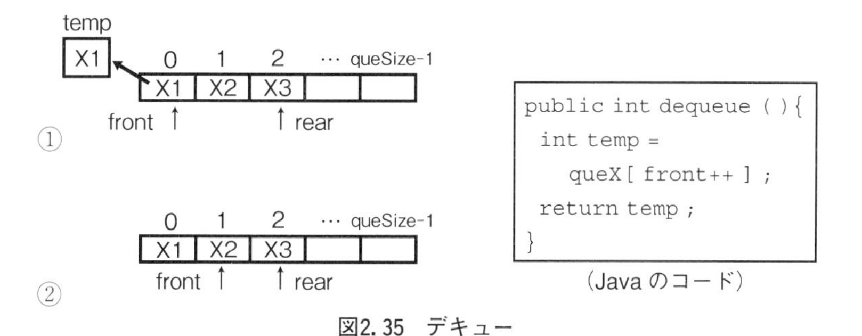

図2.35　デキュー

問題2.4　以下のような配列でキューをつくり，関数enqueue(x)とdequeue( )を使って(1)～(3)の操作をした．最終的なキューの内容と，そのときのキューの先頭，末尾の要素番号を求めよ．ただし最初のデータは，要素番号0の要素に格納するものとする.

enqueue(x)　：データ x をキューに入れる.

dequeue( )　：データをキューから取り出す.

要素番号	0	1	2	3	4	5	6
配列要素							

(1)　enqueue(2) → enqueue(4) → dequeue( ) → enqueue(8)

(2)　enqueue(6) → enqueue(3) → enqueue(7) → dequeue( )→ dequeue( ) → enqueue(9)

(3)　enqueue(3) → enqueue(1) → enqueue(5) → dequeue( )→ enqueue(4) → enqueue(2) → dequeue( )

なお,配列を用いて実現したキューのプログラム例を以下に示しておきます.

```
// キューのプログラム例 (Java)
import java.io.* ;
class Queue {
  private int queSize ;   // キュー配列の大きさを表す定数
  private int[] queX ;    // キューに使う配列変数
  private int front ;     // キューの先頭を指すポインタ変数
  private int rear ;      // キューの末尾を指すポインタ変数
  private int num ;       // 現在のデータ数

  public Queue(int s){        // コンストラクタ
    queSize = s ;
    queX = new int[queSize] ;
    front = 0 ;
    rear = -1 ;
    num = 0 ;
  }
  public void enqueue(int j){   // データの追加
    if(rear == queSize-1)       // リングバッファ
      rear = -1 ;
    queX[++rear] = j ;          // rear を 1 増やしてからデータを追加する
    num++ ;
```

```
  }
  public int dequeue( ){        // データの取り出し
    int temp = queX[front++] ;    // データを取り出してから front を 1 増やす
    if(front == queSize)        // リングバッファ
      front = 0 ;
    num-- ;
    return temp ;
  }
  public boolean iniQueue( ){        // 現在のデータ数を初期値に戻す
    return(num == 0) ;
  }
}

class QueueExample{
  public static void main(String[] args){
    Queue theQueue = new Queue(5) ;  // queue holds 5 items
    // データを四つ追加する
    theQueue.enqueue(10) ;
    theQueue.enqueue(20) ;
    theQueue.enqueue(30) ;
    theQueue.enqueue(40) ;
   // データを三つ取り出す (10, 20, 30)
    theQueue.dequeue( ) ;
    theQueue.dequeue( ) ;
    theQueue.dequeue( ) ;
   // データを四つ追加する
    theQueue.enqueue(50) ;
    theQueue.enqueue(60) ;
    theQueue.enqueue(70) ;
    theQueue.enqueue(80) ;
   // すべてのデータを取り出して表示する (40, 50, 60, 70, 80)
    while( !theQueue.iniQueue( ) ){
      int n = theQueue.dequeue() ;
      System.out.print(n) ;
      System.out.print(" ") ;
    }
    System.out.println("") ;
  }
}
```

```
/* キューのプログラム例（C言語）*/
/*  キューの先頭を指す変数 front と末尾を指す変数 rear をポインタ変数にした場合
*/
#include <stdio.h>
#include <stdlib.h>
#define QUEUE_SIZE 4
static int queue[QUEUE_SIZE];
static int *front,*rear;
void init(void);
void enqueue(int);
int dequeue(void);
void disp(void);
int main(void){
  char buff[8];
  int key,result;
  init();
  while(1){
        printf("In：追加,D：取り出し ?");
        gets(buff);
        key=atoi(&buff[1]);
        switch(buff[0]){
           case 'I' : case 'i' :
               enqueue(key);
                printf("%dを追加しました.¥n",key);
                break;
             case 'D' : case 'd' :
                result=dequeue();
                printf("%dが取り出されました.¥n",result);
                break;
             default :
                return 0;
          }
          disp();
  }
}
/* 初期化関数 */
void init(void){
  front=queue;
  rear=queue;
}
```

```
/* 追加関数(エンキュー) */
void enqueue(int cell){
  int *next=rear+1;
  if(rear==queue+QUEUE_SIZE)
          next=queue;
  if(next==front){
       printf("キューが満杯です.¥n");
       exit(EXIT_FAILURE);
  }
  *rear=cell;
  rear=next;
}
/* 取り出し関数 */
int dequeue(void){
  int retv;
  if(front==rear){
       printf("キューは空です.¥n");
       exit(EXIT_FAILURE);
  }
  retv=*front++;
  if(front==queue+QUEUE_SIZE)
          front=queue;
  return retv;
}
/* 表示関数 */
void disp(void){
  int *p;
  for(p=queue;p<queue+QUEUE_SIZE;p++){
         if(front<=rear){
              if(p>=front && p<rear)
                  printf("%d ",*p);
              else
                  printf("-- ");
         }
         else{
              if(p>=front || p<rear)
                  printf("%d ",*p);
              else
                  printf("-- ");
         }
```

```
  }
  putchar('¥n');
}
```

2.3.6 キューを配列で実現するときの問題点

配列でキューを実現した場合には，次のような問題点があることに気づくでしょう．図2.32を見ればわかるように，エンキューとデキューを繰り返すほど，データは配列の後方に偏り，この図の状態ではこれ以上データを格納できなくなっています．しかし，図2.32を見れば明らかなように，配列の前方にはまだ空きがあるのです．つまり，エンキューとデキューを繰り返すほど配列の前方にデータの格納に使われない無駄な要素が増えてくることになります．

この問題点を解決するための工夫として，**リングバッファ**（ring buffer）または**巡回待ち行列**（circular queue）を利用する方法があります．これは，概念的には図2.36のような配列を作る方法です．

つまり，キューを実現した配列の末尾までデータが詰まっているとき，さらにデータを格納する場合には配列の先頭に戻るようにします．これをプログラムコードで説明してみましょう．図2.37のようにキューの末尾を指す変数 rear が，要素番号 queSize－1を指しているとします．この場合には，変数 rear の値をいったん「－1」にセットして（rear＝－1），その次に rear の値を「1」増やしてから次のデータを代入します（queX[＋＋rear]＝x）．この操作によって，変数 rear は要素番号 0 の配列要素を指すことになり，概念的には図2.37のようなリング状の配列を実現したのと同等になります．

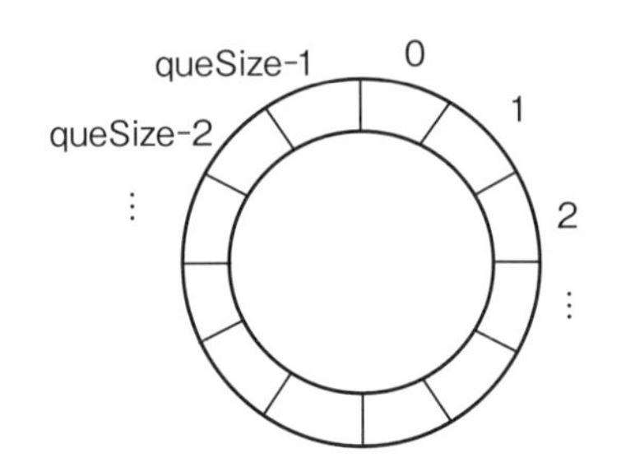

図2.36　リングバッファ，巡回待ち行列

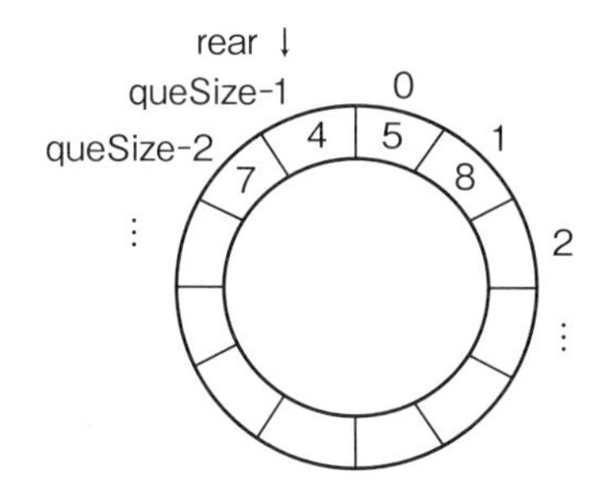


```
public void enqueue (int x){
  if(rear = = queSize-1)
     rear = -1 ;
  queX[++rear] = x ;
}
```

（Java のコード）

図2.37　エンキュー

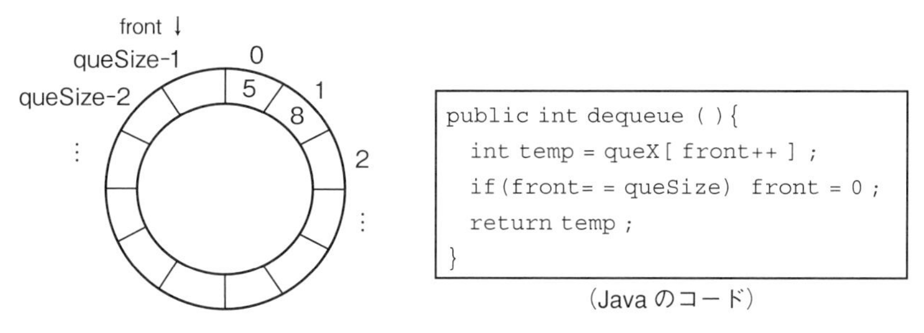


```
public int dequeue ( ){
  int temp = queX[ front++ ] ;
  if(front= = queSize)  front = 0 ;
  return temp ;
}
```

（Java のコード）

図2.38　デキュー

以上はデータの格納すなわちエンキューの場合ですが，データを取り出す操作，リングバッファを用いた場合のデキューは次のように実現することができます．リングバッファでエンキューとデキューを繰り返した結果，データが配列の要素番号 0 以降に格納され，キューの先頭を指す変数 front が配列の末尾を指しているとします．この状態からデータを取り出そうとすると，キューの先頭を表す変数 front が配列の末尾から先頭を指すようにしなければなりません．そこで，図2.38に示したコードのような処理を行うと変数 front が配列の末尾から先頭に移動することになります．

2.4 木構造

私たちが扱うさまざまなデータの中には，木のような形にデータを配置したほうがデータ間の関係を理解しやすいものがあります．たとえば，サッカーや野球などの大会で，トーナメント方式で勝ち抜きをする場合，各チームを木の枝で結んだ形に配置して示すのが普通です．ただし，実際の木の形を逆さまにしたイメージです．また，本の目次も木のような形に並べ替えると章，節，項目の関係がはっきりします．このほかにも，会社の組織や生物の分類など枚挙に暇がありません．このようなデータを格納するデータ構造として，**木構造**（tree structure）が用いられます．なお以下の説明では，木構造のことを単に木（tree）と呼ぶこともあります．

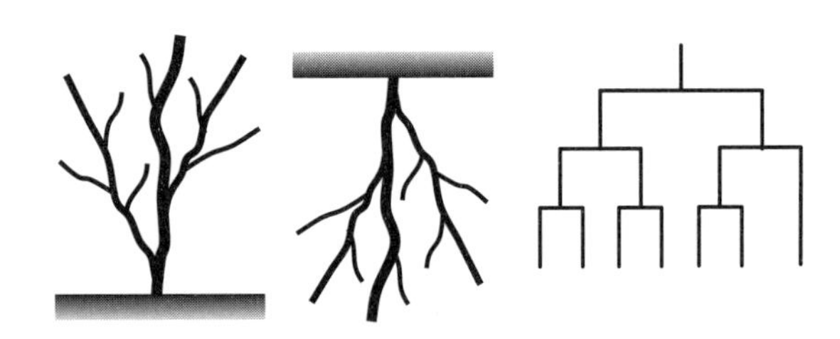

図2.39　実際の木とそれを逆さまにした木，そしてトーナメントの木

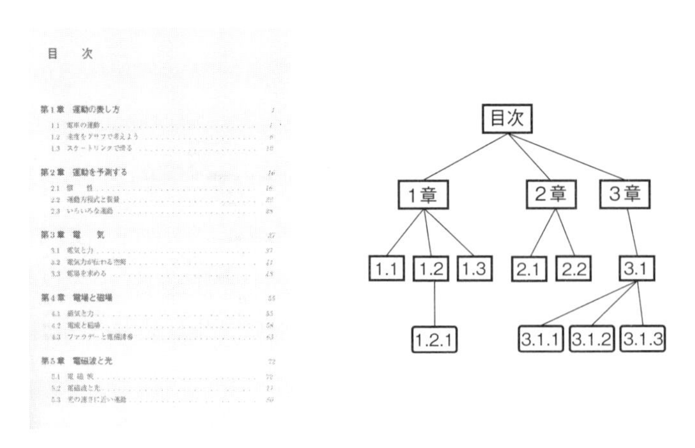

目　次

図2.40　本の目次と木構造に配置した目次

2.4.1 木の基本

■木の用語

木はデータが格納される**節**（node）と二つの節を結ぶ**枝**（branch）からできています．節は**節点**（node）ともいい，データを格納することができます．枝は**辺**（edge）とか**線**（line）などと呼ばれることもあります．図2.41は木の例です．以下に木の用語をまとめておきます．

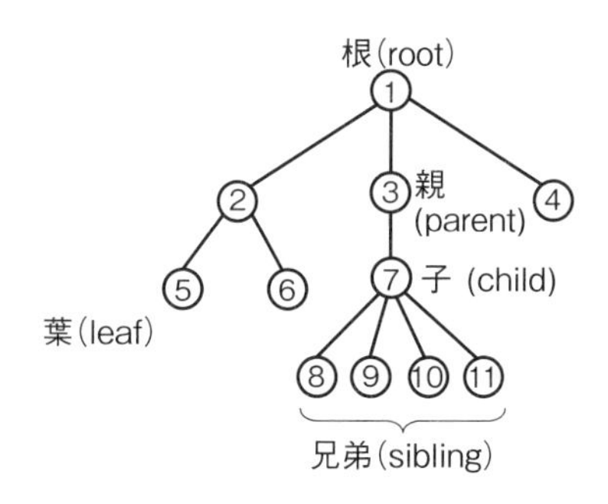

図2.41 木の用語

親（parent）：ある節から見てすぐ上にある節――(⑦から見て③，⑧から見て⑦など)

子（child）：ある節から見てすぐ下にある節――(③から見て⑦など)

根（root）：親を持たない最も上に位置する節――(①)

兄弟（sibling）：共通の親を持つ節――(⑧，⑨，⑩，⑪，または⑤と⑥など)

葉（leaf）：子を持たない節――(④，⑤，⑥，⑧など)

■2分木

節にデータを格納するとき，一定の順序で格納してある木を**順序木**といいます．また，葉以外の節が二つまたはそれ以下の子を持つような順序木を**2分木**（binary tree）といいます．節が持つ子の数で順序木の種類を分類するとき，子の最大数を k とすれば，その木は k 分木と呼ばれることもあります．2分木は $k=2$，一般に $k \geqq 2$ であれば，**多分木**（multi-way tree）または**多進木**と呼ばれます．

ある親に注目して，その節を根とみなし，その子から構成される木の部分を**部分木**（subtree）といいます．多分木は共通部分を持たない部分木に分けることができます．したがって，2分木の特徴を次のようにまとめることができます．

① 二つ以下の子をもつ節からなる順序木
② 根以外の節の集まりは共通部分を持たない二つの2分木の集まりに分けられる．

図2.43のように，根から見て左右の部分木はそれぞれ，左部分木，右部分木のように呼びます．

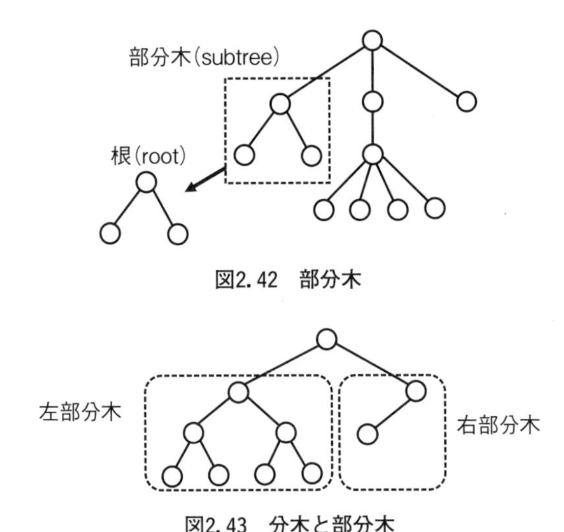

図2.42　部分木

図2.43　分木と部分木

■木の高さ

木の高さを表すために木の階層という考え方を導入します．この階層を**レベル**（level）という数値で表します．根のレベルは0です．根の子はレベル1，その兄弟もすべてレベル1です．その下の階層はレベル2というように表します．レベルの調べ方として，根からその節に至る道にある節の数を数える方法もあります．図2.44にレベルの例を示します．

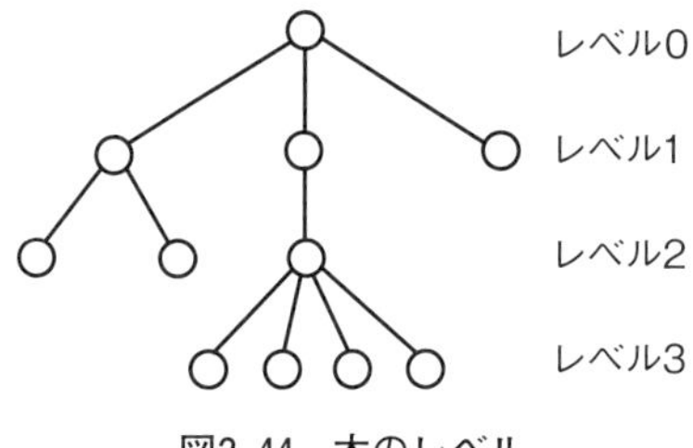

図2.44 木のレベル

木の広がりを定量化する方法の一つに，木の**高さ**（height）があります．ある木の最大のレベルは木の高さを評価するのにちょうどよいので，最大のレベルで木の高さを表します．図2.44の例でいうと高さは3となります．

■2分木の高さと節の数

2分木の節の数は，次の式の x で表される範囲の数になります．

$$h+1 \leqq x \leqq 2^{h+1}-1$$

ただし，h は木の高さを表します．図2.45の例で考えると，レベル0にある節の数は1（根），レベル1では2，レベル2では4というようになるので，レベルを k で表すと各レベルには最大 2^k の節があります．節の数が最も少ない場合は，子が高々1個の場合です．具体的には図2.45の左側のような木で，この場合，節の数は3です．すなわち，高さ h の木では節の数が $h+1$ となります．また最も多くの節を含む場合は，図2.45の右側のような2分木で，節の数は7です．これは高さ h の木の場合 $2^{h+1}-1$ となるのですが，どうしてこのような式になるのかは次の項で説明しましょう．

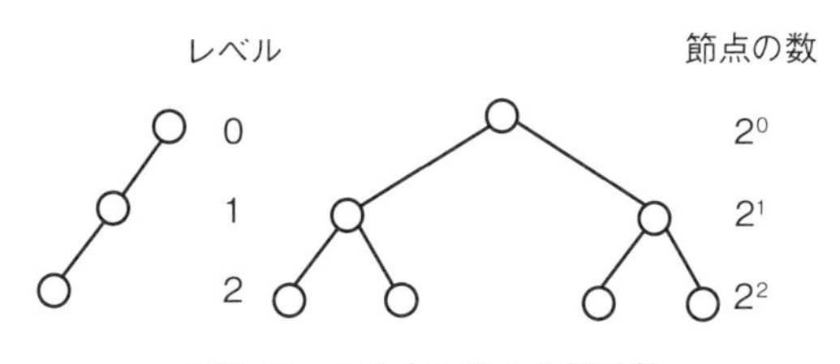

図2.45 2分木の高さと節の数

■完全２分木

次の条件を満たす２分木を**完全２分木**（complete binary tree）といいます．

① 一番下のレベルを除いて，どのレベルも節は完全に詰まっている．
② 一番下のレベルにある節は，すべて左詰になっている．

なお，この定義と同じことですが，参考までに次のような表現もあげておきます．

> 高さ h の木において，レベル i の節が 2^i 個存在し，レベル h の節は左詰に並んでいる二分木のことをいう．(『情報科学辞典』（岩波書店）より)

完全２分木とは，たとえば図2.46のような２分木です．同じ節数の木を考えるとき，完全２分木は木の高さが最も低くなり，最も横に広がった木になります．

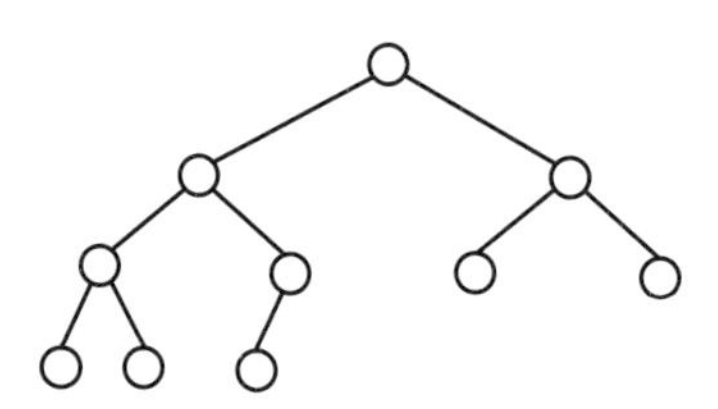

図2.46　完全２分木

問題2.5　下の木は完全２分木かどうか答えよ．

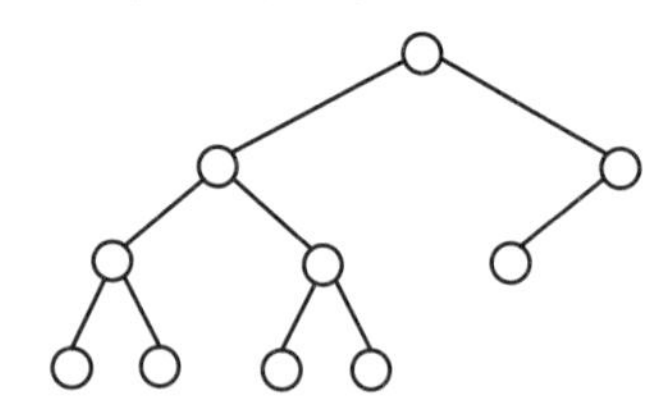

問題2.6　節数９の完全２分木を作図せよ．

■木の高さと節の数

完全2分木で，レベル h までに登録できる節の数 n は，次の式で与えられることがわかります．そして，この節の数は上の項で述べた2分木が最も多く節を含む場合の数と同じです．

$$n = 2^0 + 2^1 + 2^2 + \cdots + 2^h = 2^{h+1} - 1$$

この式から，節数 n の完全2分木の高さ h を次のように求めることができます．

$$n \quad = 2^{h+1} - 1$$

$$n + 1 = 2^{h+1}$$

両辺の対数をとると

$$\begin{aligned} \log_2(n+1) &= \log_2 2^{h+1} \\ &= (h+1)\log_2 2 = h+1 \end{aligned}$$

$$\therefore\ h = \log_2(n+1) - 1$$

なお，参考までに $n=2^0+2^1+2^2+\cdots+2^h=2^{h+1}-1$ の計算の仕方を以下に示しておきます．

$$\begin{array}{rl} 2n = & \quad 2^1 + 2^2 + \cdots + 2^h + 2^{h+1} \\ -)\ n = & 2^0 + 2^1 + 2^2 + \cdots + 2^h \\ \hline n = & 2^{h+1} - 2^0 \\ \therefore\ n = & 2^{h+1} - 1 \end{array}$$

例題2.2 節数が7の完全2分木の高さを計算で求めよ．

[解答]

$n=7$ として，上の式を用いて計算すると

$$\begin{aligned} h &= \log_2(n+1) - 1 \\ &= \log_2(7+1) - 1 = \log_2 8 - 1 \\ &= \log_2 2^3 - 1 = 3\log_2 2 - 1 \\ &= 3 - 1 = 2 \end{aligned}$$

$$\therefore\ h = 2$$

したがって，この木の高さは2である．

例題2.3 節数が10の完全2分木の高さを計算で求めよ．

[解答]

$n=10$として計算する．

$$
\begin{aligned}
h &= \log_2(n+1)-1\\
&= \log_2(10+1)-1=\log_2 11-1\\
&= \frac{\log_{10} 11}{\log_{10} 2}-1=\frac{1.04}{0.30}-1\\
&= 3.47-1=2.47\\
&> 2
\end{aligned}
$$

すなわち，この木の高さは2より大きな整数であるから，高さは3である．

例題2.4 図に示した完全2分木の高さを図から求めよ．また，節の数を計算で求めよ．

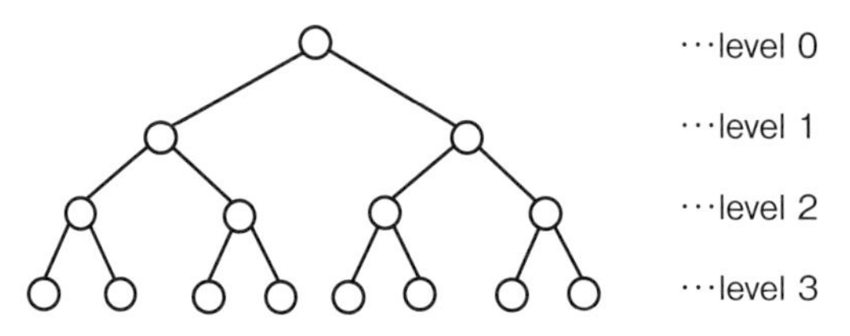

[解答]

根から一番遠い葉のレベルは3であるから，この完全2分木の高さは3である．

この完全2分木は完全に節が詰まっているから，節の数は次のように計算される．

$$
n=2^{h+1}-1=2^{3+1}-1=16-1=15
$$

すなわち，節の数は15である．

問題2.7 要素数15の完全2分木の高さを求めよ．

2.4.2 再　　帰

木に格納されたデータを探索する方法を説明する前に，**再帰**（recursion）について説明します．あるメソッドを繰り返し使用するアルゴリズムでは，そのメソッドを繰り返し呼び出すと効率的な場合があります．メソッド内でそのメソッドと同じメソッドを呼び出すことを再帰呼び出し（recursive call）といいます．どんな場合にも再帰が効率的というわけではありませんが，スタックや木の走査には再帰呼び出しがなじみます．

図2.47に示したメソッド rec(　) を例にして，再帰呼び出しを説明しましょう．このメソッドは2，1，0と整数を大きな値から順に出力します．もちろん，この処理は再帰を使わず for 文でも実現できますが，再帰呼び出しの例として取り上げます．

① 最初に引数として0を与えると，if 文の条件が真(true)なので rec(i+1)を実行します．② しかし，これはこのメソッド自身なので，次の処理は引数を0+1=1としてもう一度同じメソッドを呼び出します．今度は引数が1ですが，やはり if 文の条件は真なので rec(i+1)を実行します．③ 先ほどと同様に，今度は引数を1+1=2として rec(2)を実行します．この場合も if 文の条件は真ですから，今度は rec(3)を呼び出します．④ しかし，rec(3)を実行すると if 文の条件 i<3 は偽（false）なので，rec(i+1)は実行せずにこのメソッドを抜け出します．このとき，rec(3)を呼び出す前に戻ることになるので，処理は引数 i=2 の状態で System.out.print(i)，すなわちデータの出力を実行しま

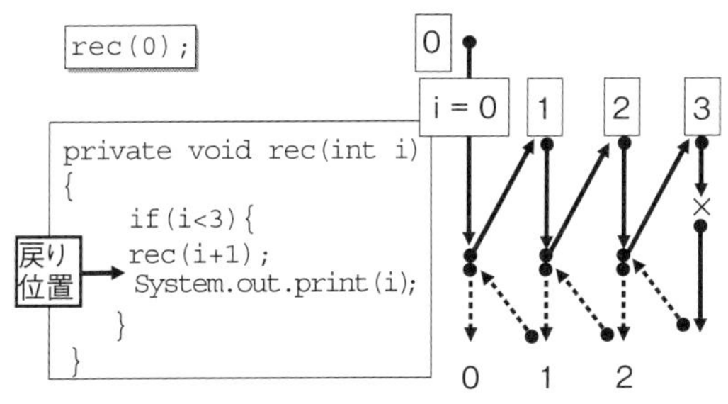

図2.47　再帰呼び出し

す．出力を実行した後このi=2の状態のメソッドは終了し，⑤　i=1の状態で一つ前に呼び出されていたメソッドの処理の途中に戻ります．すなわち，System.out.print(1)を実行することになります．こうして，1が出力された後，⑥　i=0の状態でrec(0)を呼び出した位置に戻り，この処理の続きSystem.out.print(0)を実行してメソッドrec(　)の実行は完全に終了します．

では，この例をスタックと関連させて考えてみましょう．

まず，上で説明した①を実行したときのスタックの状態は図2.48の①の状態になります．すなわち，スタックにi＝0を積み，再帰呼び出しが終了した後戻る位置を格納します．次に上で説明した②を実行すると，スタックはすぐ上の図2.48の②の状態になります．以下同様に，上で述べた③は図2.48の③の状態に対応します．上に述べた④の段階では，if文の条件i＜3が偽になり再帰は行われないので，i＝3はスタックに格納されません．したがってこの後は，図2.48の③で格納してあった戻り位置のデータとi＝2という引数の値をスタックから取り出して，この図の④のように出力処理を行います．最初の出力を行った後スタックの状態は④のようになります．この後，スタックは⑤の状態へ移っていきます．図2.48には図2.47で説明した⑥の状態を省略してありますが，同様な状態の変化が生じ，メソッドの処理を完了します．

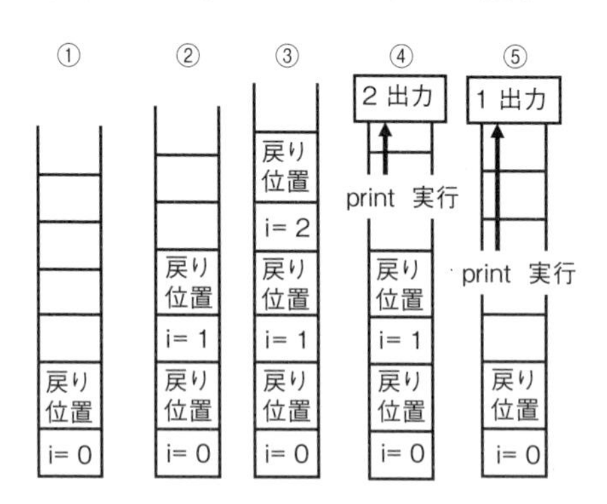

図2.48　再帰呼び出しとスタック

2.4.3 木の走査

木の節に格納されたデータを取り出すときに，どのような順序で取り出したらよいでしょうか．木は配列やリストのような1次元に並んだデータ構造ではないので，いろいろな取り出し方が考えられます．木の節をなぞることを木の**走査**といいますが，他に**巡回**（traverse）ということもあります．なぞり方を大きく分類すると，**幅優先順**と**深さ優先順**に分けられます．

幅優先順は，木のレベル0から始めて，同じレベルの左から右になぞり，右端まで来たら下のレベルへ移って，同じようになぞる方法です．この方法は図で示したほうがわかりやすいと思います．図2.49を見てください．幅優先順のなぞり方をすると，1，2，3，4，5，6，7の順で節をなぞります．

また，深さ優先順には3通りの方法がありますが，下に示すように，文献によっていろいろな言い方があります．ここでは，先行順（preorder），中間順（inorder），後行順（postorder）とします．しかし，英語の言い方は共通していますから，できれば英語で覚えたほうがいいでしょう．以下に，2分木に対する深さ優先順の3通りの方法と操作の手順をまとめます．

・**先行順**（行きがけ順，先順など），preorder

【走査の手順】

① 根（節）に立ち寄る．

② 左部分木をたどる．

③ 右部分木をたどる．

・**中間順**（通りがけ順，中順など），inorder

【走査の手順】

① 左部分木をたどる．

② 根（節）に立ち寄る．

③ 右部分木をたどる．

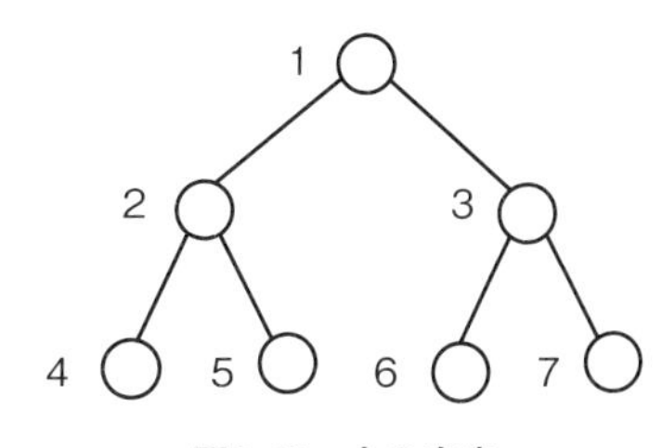

図2.49 木の走査

・**後行順**（帰りがけ順，後順など），postorder

【走査の手順】

① 左部分木をたどる．

② 右部分木をたどる．

③ 根（節）に立ち寄る．

先行順，中間順，後行順のいずれについても，①，②，③を再帰的に行います．この手順を図2.49の木にあてはめて具体的に考えてみましょう．

先行順では，まず根に立ち寄り，次に左部分木に移ります．この左部分木の根に立ち寄ったら，さらに左部分木に移ります．これを繰り返して左部分木が葉になるまでなぞったら，葉に立ち寄って一つ前の部分木の根の右にある葉に立ち寄ります．図2.49の木で例えると，幅優先順でなぞったときの番号で，1→2→4→5となぞります．その後，さらに一つ前の部分木に戻ります．中間順の場合には，葉に到達するまで左部分木から左部分木へと移っていきます．葉に到達したら初めてその節に立ち寄り，その部分木の根に立ち寄ってからその根の右の葉に立ち寄ります．その後は順に一つ前の部分木に戻ります．図2.49の木で例えると，4→2→5→1となぞります．後行順は，中間順と同様に左部分木をなぞって葉に立ち寄ったあと，中間順とは違い，その部分木の根には立ち寄らず，先に部分木の根の右の葉に立ち寄ります．図2.49の木で例えると，4→5→2→6となぞります．このように，部分木からさらにその部分木となぞっていくので，深さ優先順のなぞりを実現するときには再帰を使います．以下に再帰を使った木の走査を詳しく説明します．

2分木の走査では，次のような自己参照的なクラスを定義して節のオブジェクトを作ります．

```
class Node{
   int data ;
   Node left ;
   Node right ;
}
```

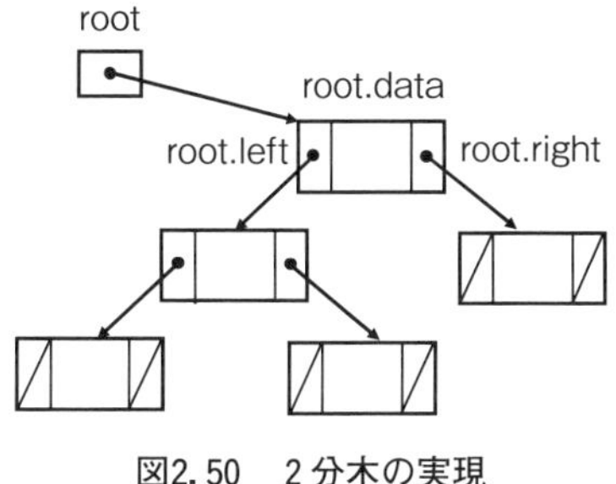

図2.50　2分木の実現

このような節で作られる2分木の概念図は図2.50のようになります．ここで作られるオブジェクトdataにはデータが格納され，参照オブジェクトleftとrightはそれぞれ左と右の子を指し示します．子がいなければ，参照はnullになります．つまり，リストで用いたような自己参照的なクラスを用いて，木構造を実現することができます．

以下に，先行順の関数と手順の例題を示します．中間順と後行順については問題にしたので，以下の例と同様に考えてください．

例題2.5　先行順になぞったときの順番を木の図に示した．

【手順】
① 根（節）に立ち寄る
② 左部分木をなぞる
③ 右部分木をなぞる

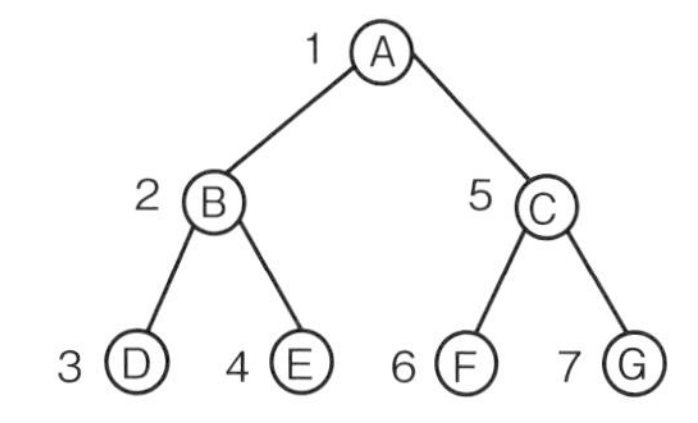

このときの手順をプログラミングしたものの一部を以下に示した．コード①～③が実行される順番を説明せよ．また，以下の図は，手順①～③が再帰的に実行されるときの様子を図式化したものである．図中A～Gは，上の木の図に示した各節のデータである．この図の実行順序に数値を記入せよ．図式化の方法はいろいろ考えられるので，各自が考えやすい方法を用いてよい．

```
private void preOrder(Node root){
    if(root != null){
    ① System.out.println(root.data);
    ② preOrder (root.left);
    ③ preOrder (root.right);
    }
}
```

［解答］

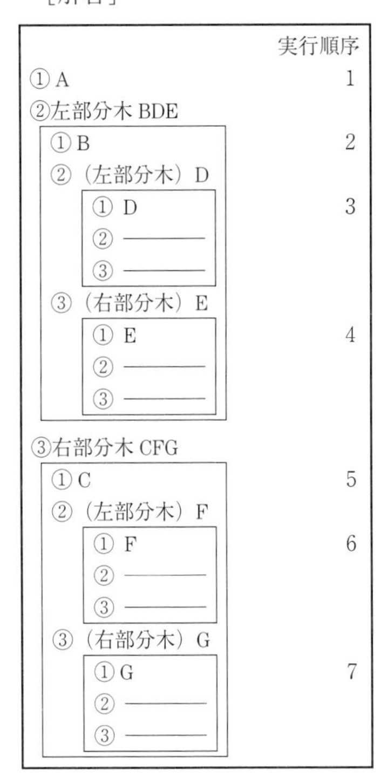

【プログラムコードの実行順】

上のメソッドのコードは，次のように実行される．まず，root が null でなければ，①の System.out.println（root.data）が実行される．次に②の preOrder（root.left）が実行されるが，これはこのメソッド自身であるから，引数 root.left が新しい引数 root となって，再度①が実行される．root が null になるまでこれが繰り返される．すなわち再帰が行われる．root が null になったところで，③の preOrder（root.right）に移るが，ここでもまた再帰が行われ①に戻る．

問題2.8 例題2.5と同様に，中間順になぞったときの順番を木の図に示した．

また，このときの手順をプログラミングしたものの一部を下に示した．図も例題2.5と同様である．手順①～③が再帰的に実行されるときの様子を示した図は未完成である．実行順序と適当な文字を記入して完成せよ．

【手順】
① 左部分木をなぞる
② 根（節）に立ち寄る
③ 右部分木をなぞる

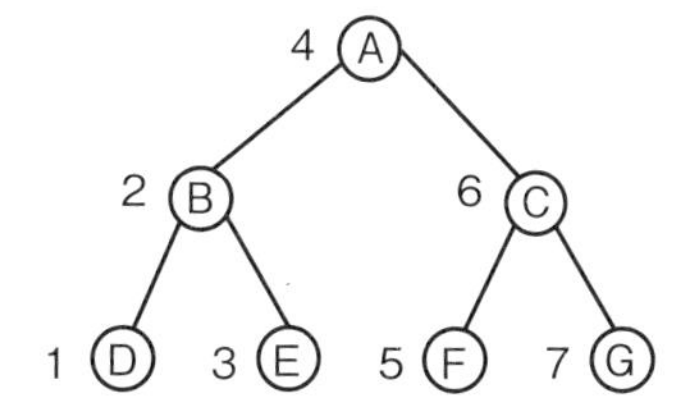

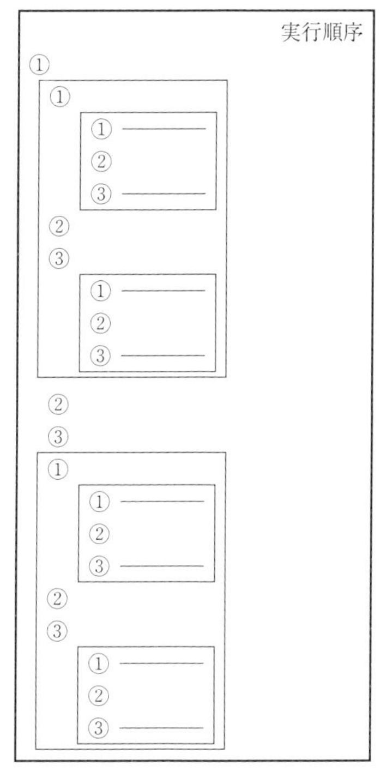


```
private void preOrder(Node root){
    if(root != null){
    ① preOrder (root.left) ;
    ② System.out.println(root.data) ;
    ③ preOrder (root.right) ;
    }
}
```

問題2.9　例題2.5と同様に，後行順になぞったときの順番を以下の図に示した．手順①～③が再帰的に実行されるときの様子を示した図は未完成である．実行順序と適当な文字を記入して完成せよ．

【手順】
① 左部分木をなぞる
② 右部分木をなぞる
③ 根（節）に立ち寄る

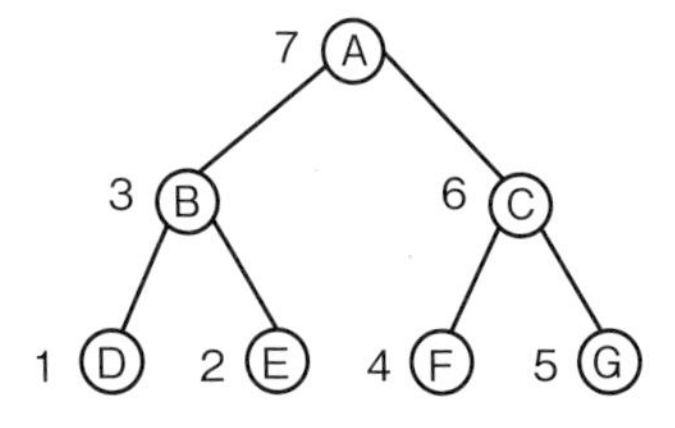

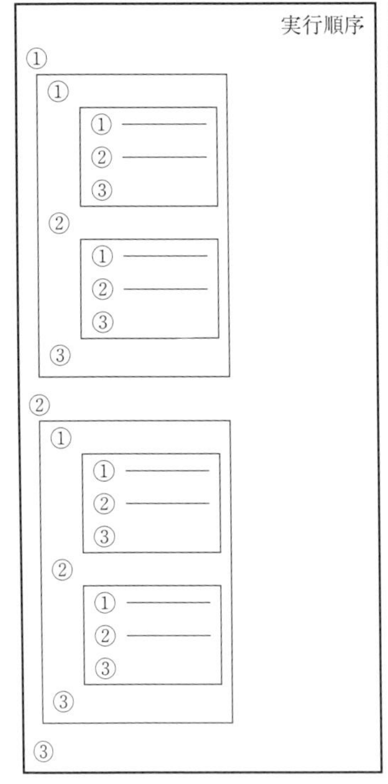


```
private void preOrder(Node root){
    if(root != null){
    ① preOrder (root.left) ;
    ② preOrder (root.right) ;
    ③ System.out..println(root.data) ;
    }
}
```

問題2.10 次の2分木について，(1)～(4)の走査を行ったときに各節に立ち寄る順番を記入せよ．

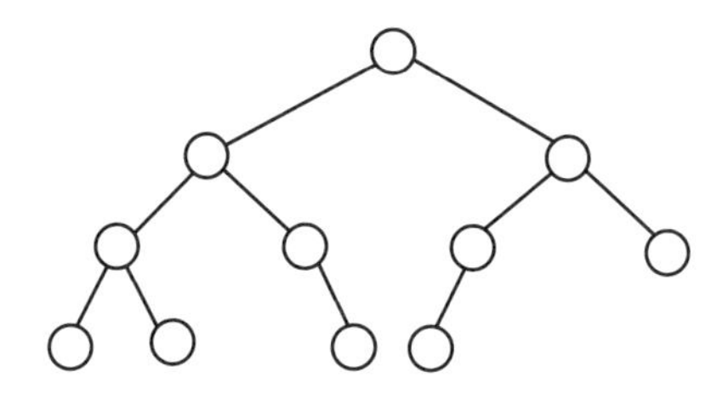

(1) 幅優先順で走査したときに各節をなぞった順番を記入せよ．

(2) 先行順で走査したときに各節をなぞった順番を記入せよ．

(3) 中間順で走査したときに各節をなぞった順番を記入せよ．

(4) 後項順で走査したときに各節をなぞった順番を記入せよ．

2.4.4 決定木

葉以外の各頂点に条件判断が付与されていて，各頂点からの2本の枝がそれぞれ条件の真と偽を表すような二分木を**決定木**（decision tree）といいます（岩波書店『情報科学辞典』）．決定木の基本的な定義は，このようになっています．決定木は，今日では，機械学習に利用されることが多く，さまざまな分野で利用されています（参考図書〔18〕）．利用の目的により，独立変数の条件に従って，従属変数の分類を目的とする分類木（classification tree）と，従属変数の数値の予想を目的とする回帰木（regression tree）に分けられます．

図2.51は，表2.1のデータを，分類木を用いて分類した例です．ここでは，Aさんが，ランニングをした日ごとの気温（℃），湿度（%）を独立変数とし，ランニング中の気分を従属変数としています．つまり，気温や湿度という条件によって，ランニング中の気分がどのように影響されるかを調べます．表2.1と図2.51では，ランニング中の気分をそう快な気分で走れた場合は○，不快な場合は×で表しています．図2.51の根に示すように，全日数についてみると，そう快な気分の日と不快な気分の日は，同数で，ともに10日間でした．これについて，最初は湿度が70%未満か70%以上かで分類しています．70%未満の場合，そう快な気分で走れた日数は9日間，不快な気分のときは2日間でした．一方，

湿度70%以上の場合は，そう快な気分で走れた日は1日だけで，不快な気分の日は8日間でした．次に，気温について分類すると，根の右の子に示した湿度が70%未満の場合，気温が25℃未満では，そう快と感じた日は6日間で，不快と感じた日は2日間となり，そう快と感じた日が多かったのですが，25℃以上では，そう快と感じた日は3日間でした．一方，根の左の子に示した湿度70%以上の日数については，気温25℃未満でそう快と感じた日は1日であるのに対して，不快と感じた日は3日間，25℃以上では，不快と感じた日が5日間で，そう快と感じた日はありませんでした．ここでは，最初の分類で独立変数を湿度にしていますが，それは，表2.1のデータを湿度に注目して従属変数の気分の良し悪しを調べると，湿度の高低で気分の違いが比較的よく分かれるためです．

このような分類から次のことがわかります．①湿度70%未満，気温25℃未満の日はそう快と感じて気分よく走れる日が多い．このような条件の日でも，2日間は気分よく走れない日がありますが，これは気温や湿度以外の隠れた変数，例えば，風速，体調などが影響しているのかもしれません．②湿度が70%未満なら，気温が25℃以上の暑い日でも，気分よく走れることがある．③湿度が70%以上だと，気温によらず気分よく走れない．

ここでは，ランニング中の気分のような定性的な変数を従属変数に選びましたが，表2.1のデータに従属変数としてランニングの記録（タイム）を加えることにより，気温，湿度による記録への影響を回帰木によって予想することもできます．

なお，深層学習では，決定木を複数組み合わせたランダムフォレスト（random forest）を利用することが多くなっています．

表2.1 Aさんがランニングした日の気温（℃），湿度（%）と気分．
○ … 気分がそう快だった，× … 気分がよくなかった．

ランニングした日	独立変数		従属変数
	気温（℃）	湿度（%）	気分
1	15	40	○
2	16	60	×
3	20	70	×
4	22	50	○
5	23	60	○
6	24	80	×
7	25	70	×
8	26	50	○
9	28	80	×
10	30	50	○
11	15	60	×
12	16	70	○
13	20	50	○
14	22	60	○
15	23	70	×
16	24	60	○
17	25	70	×
18	26	60	○
19	28	90	×
20	30	70	×

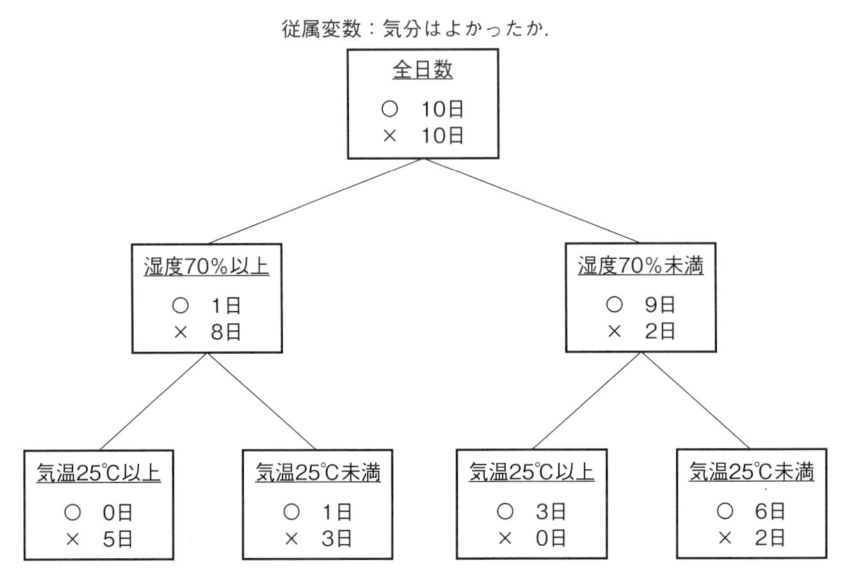

図2.51　Aさんがランニングした日の気分を分類する決定木（分類木）.

【参考】

数式の記法と木の走査

2.3.3項で触れたように，数式の記述法には前置記法，中置記法，後置記法の三つがあります．これらの記法で表した数式は，木の節点に配置した「数」や演算記号を先行順（preoder），中間順（inorder），後行順（postorder）で走査することによって求めることもできます．次の中置記法で表した式を例にして，この方法を説明しましょう．

$$\{(1+2)\times(3+4)\}\times(5-6)$$

カッコは別にして，この式には「数」や演算記号は全部で11あります．これらを完全2分木に配置するとして，必要な節の数を見積もってみましょう．2.4.1項で説明した木の高さ h と節の数 n の関係を使うと

$$\begin{aligned} h &= \log_2(n+1)-1 \\ &= \log_2(11+1)-1 \\ &= \log_2 12-1 \\ &< \log_2 16-1 \\ &= 4-1 \end{aligned}$$

=3

となるので，これらの「数」や演算記号を完全2分木に配置するとすれば，少なくとも高さが3の木が必要になります．そこで，次のように配置します．配置するときには，上の式の「数」と演算記号を式の左から順に中間順（inorder）で配置します．

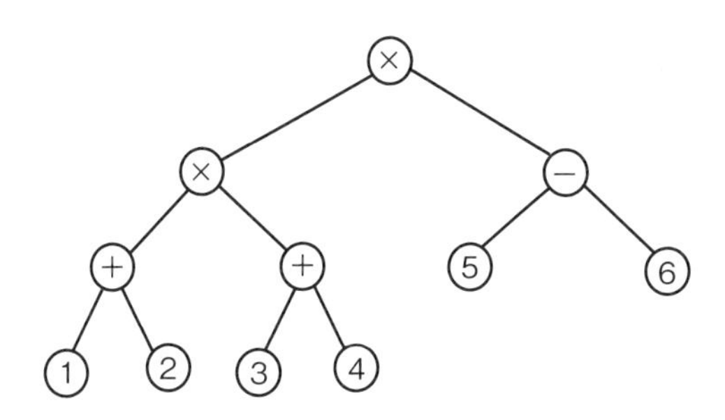

この木を先行順（preoder）で走査するとどのような数式が得られるでしょうか．各節を先行順でたどり，各節の「数」や演算記号を左から順に並べていくと，次の式が得られます．

××＋１２＋３４－５６

これは，最初の式を前置記法で表したものです．また，後行順（postorder）でたどり，同様に左から順に並べていくと，

１２＋３４＋×５６－×

となって，後置記法すなわち逆ポーランド記法で表した式が得られます．なお，ここでは完全2分木に「数」と演算記号を配置しましたが，完全2分木でなくてもかまいません．ただし，ここで取り上げた数式の演算は二つの「数」を演算することを表現した2項演算なので，中置記法で書くと

○＋○

という形が基本です．したがって，木の形も次のような2分木が基本になります．

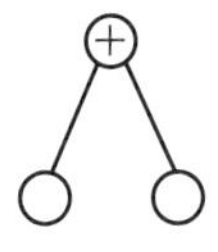

この○の中に同様な部分木が入って，多項式が表現されます．

第3章
探　　索

格納されている多くのデータの中から，目的のデータを引き出すことを**探索**(search) といいます．ここでは，代表的な探索法である2分探索木と2分探索法，そしてハッシュ法について学習します．2分探索木と2分探索法の探索のオーダーは$O(\log n)$，ハッシュ法の探索のオーダーは$O(1)$です．なお念のために注意しておきますが，2分探索木(binary search tree)と2分探索法(binary search) は，名前は似ていますが異なる探索法です．前者は木構造に対する探索，後者は配列の要素に対する探索を意味しています．

3.1　2分探索木

2分探索木(binary search tree)は木構造を利用した探索法の一つです．「木」という名前で呼んでいますが，2分探索木という木構造を利用した探索法の名前としても用いられます．

3.1.1　2分探索木の定義

2分探索木は，次のようなルールで2分木にデータを登録した木構造を利用する探索法です．

> 任意の節Aの左部分木の要素は，節Aの値よりも小さく，右部分木の要素は節Aの値よりも大きい．

この説明は図で示したほうがわかりやすいかもしれません．図3.1を見てください．このような木を中間順 (inorder) でたどると，節に格納された値を

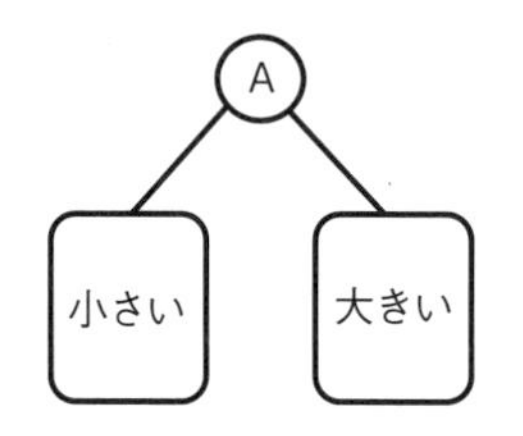

図3.1　2分探索木で利用する木構造

小さい値から順にたどることになります．つまり，2分探索木では中間順でたどることで昇順整列ができます．具体的に見てみましょう．

図3.2に2分探索木を用いて，中間順でデータを取り出す場合を示しています．四角の中の数字はデータで，四角の横の数字は中間順で走査したときに節をたどる順番を示しています．この順番でデータを取り出すと，2，5，6，7，13，15，21となり，昇順にデータが整列することがわかります．

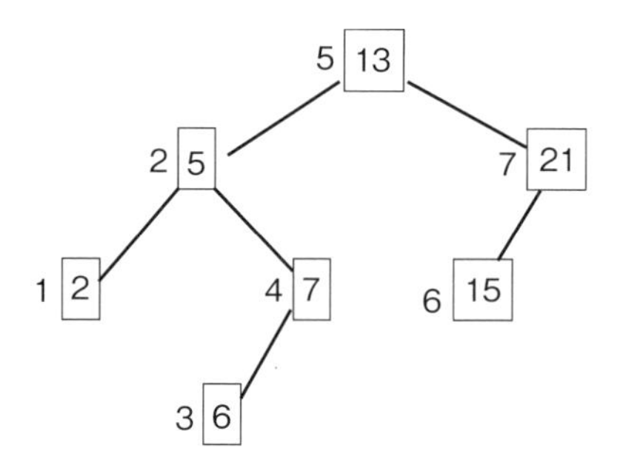

図3.2　2分探索木で中間順にデータを取り出す

問題3.1　次の2分探索木の節を中間順で走査し，訪れた節に格納されたデータを順に取り出せ．

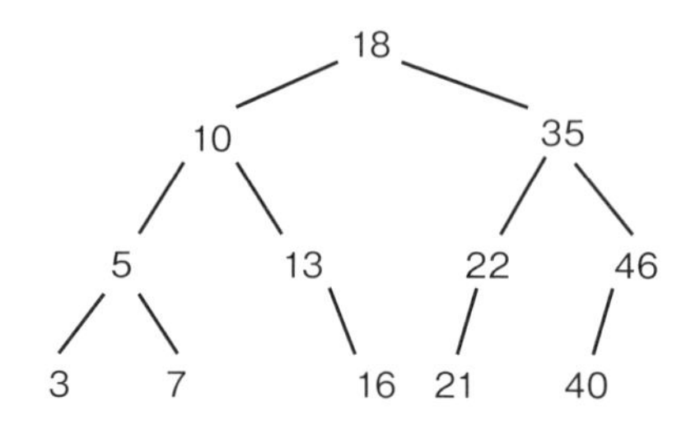

このように，2分探索木はデータの整列にも利用できそうですが，右部分木と左部分木のデータの大小の順番が厳密に決まっているので，手間がかかる方法です．つまり，昇順に一つデータを取り出すごとに，残りのデータが2分探索木になるように，データの格納順を整えるのに手間がかかるのです．実は，データを整列するためだけに木構造を利用するのであれば，2分探索木のように厳密にデータの大小の順序が決まっていなくても十分です．このような点を考慮した整列に利用しやすい木は半順序木といいます．これについては，第4章4.2節で説明します．

例題3.1 次のデータを使ってなるべく左右のバランスがとれた2分探索木を作れ．

$$\{3,\ 10,\ 2,\ 13,\ 7,\ 5,\ 1\}$$

[解答]
次の手順で2分探索木をつくればよい．

① データを昇順に並べ替える．　$\{1,\ 2,\ 3,\ 5,\ 7,\ 10,\ 13\}$
② 真中のデータを根に配置する．
③ 真中のデータよりも小さいデータを左部分木に配置する．
④ 真中のデータよりも大きいデータを右部分木に配置する．

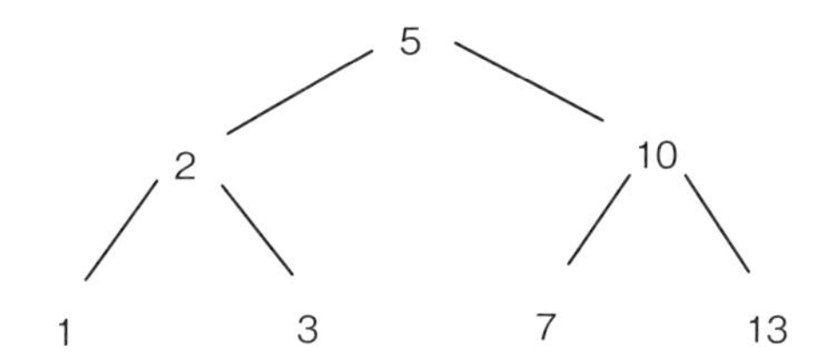

3.1.2 探索・挿入・削除のアルゴリズム

2分探索木でデータを探索する手順を説明します．また，探索する2分木にデータを挿入・削除する手順についても説明します．

■探索のアルゴリズム

対象データは x に入っているとして手順を箇条書きにすると，次のようになります．

① 根の値と x の値を比較し，
　(1) 一致すればデータは見つかり，探索は成功した．
　(2) x が根より小さいならば，左部分木を探索する．
　(3) x が根より大きいならば，右部分木を探索する．
② 部分木に対して，①を繰り返す．
③ 部分木が空（null）なら，データは見つからなかった（探索は失敗して終了）．

次の例で具体的に説明しましょう．目的のデータが7だとします．このデータが図3.3の木に格納されているかどうかを探索します．まず，7を根のデータ13と比較します（①）．7＜13なので，左部分木を探索します（①の(2)）．左部分木の根のデータ5と比較すると7＞5なので，今度はこの部分木の右部分木を探索します（①の(3)）．次の部分木の根のデータは7なので目的のデータと一致し，探索は成功して終了します．

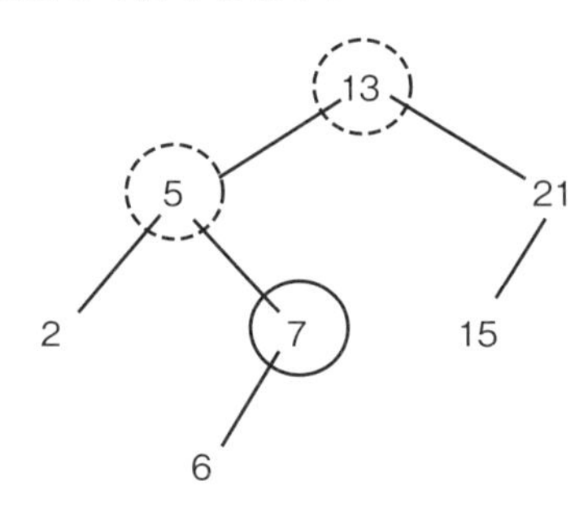

図3.3　探索の例

問題3.2　下の2分探索木について，キーが11のデータを探索するとき，探索が成功するまでにたどる要素の値を順番に列挙せよ．

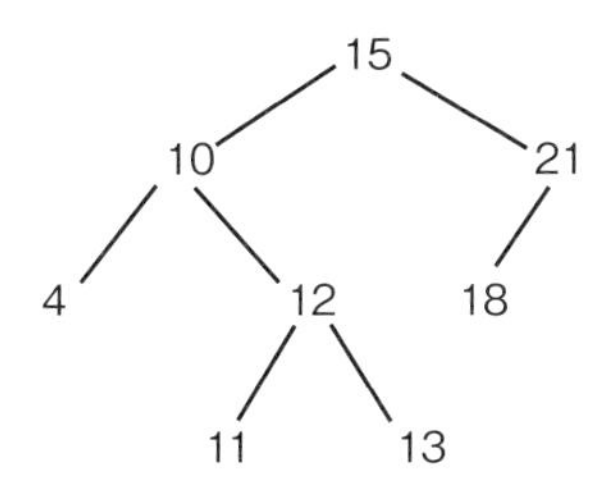

■挿入のアルゴリズム

挿入するデータが変数 x に入っているとします．2分探索木に合うようにデータを格納するには，上で説明した探索のアルゴリズムを利用します．

① 根の値と x の値を比較する．
   (1) 一致すればデータはすでに挿入されている．
   (2) x が根より小さいならば，左部分木を探索する．
   (3) x が根より大きいならば，右部分木を探索する．
② 部分木に対して，①を繰り返す．
③ 部分木が空（null）になったら根に節を確保し，x を挿入する．

これについても具体例で説明しましょう．図3.4の木に14を挿入する場合を考えます．まず，挿入するデータ14と根のデータ13を比較します(①)．14>13なので，右部分木を探索します（①の(3)）．この部分木の根のデータ21と14を

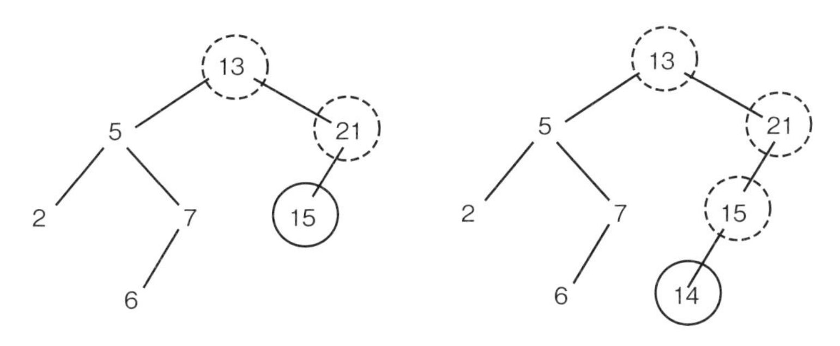

図3.4　挿入の例

比較すると14＜21なので，今度は左部分木を探索します（①の(2)）．次の部分木の根のデータ15と比較すると14＜15なので，また左部分木を探索します（①の(2)）．ところが，この先には部分木がありません．つまり，次の部分木は空(null) ですから，ここに節を確保して14を挿入します（③）．

■削除のアルゴリズム

2分探索木でデータを削除する場合は，削除するデータにいくつ子があるかによって削除の仕方が異なります．すなわち，目的のデータを探索した後，次の3通りの方法で削除します．

(A)　削除する節が子を持っていないとき　→　単に削除する．

(B)　削除する節が子を一つ持つとき　→　削除する節の位置に，その子を持ってくる．

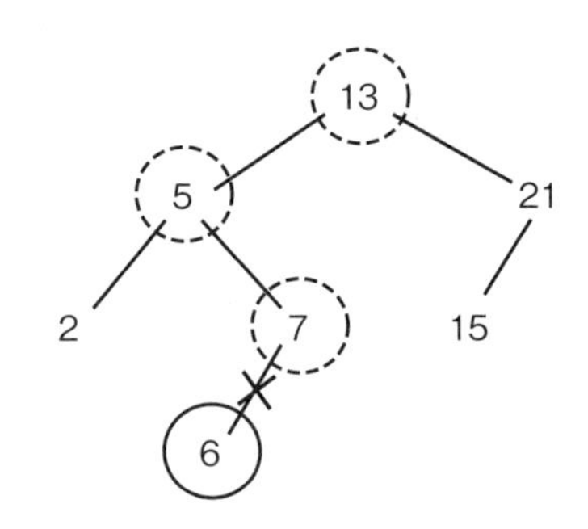

図3.5　子がない場合の削除

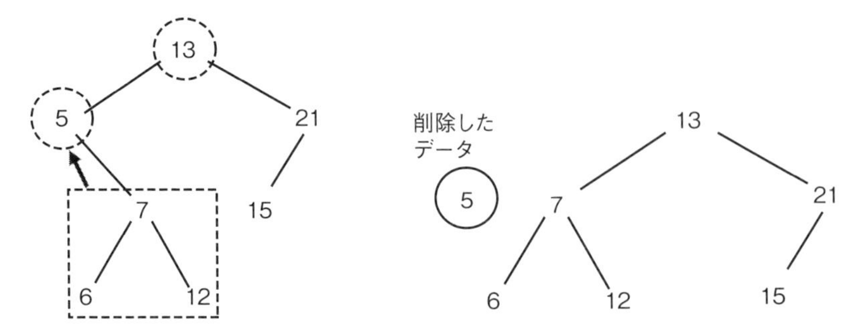

図3.6　子が一つある場合の削除

（C）　削除する節が子を二つ持つとき　→　削除する節の位置に左部分木の最大要素（または右部分木の最小要素）を持ってくる．

（A），（B），（C）のそれぞれを具体例で説明しましょう．

図3.5は（A）の場合です．この図で6が格納された節を削除することにしましょう．探索によって6を発見したら，単にこの節を親から切り離します．具体的には，この節を指していた親の節の参照をnullにします．

次に（B）について説明します．図3.6の木からデータ5を持つ節を削除する場合を考えます．この場合は子を削除する節の位置に持ってきます．言い換えれば，削除する節（データ5）の親（データ13）の参照が削除する節の子（データ7）の子を指すようにします．この様子を図3.6に示しました．

最後に子が二つある場合の（C）について説明します．この場合は2分探索木の特徴をよく考えます．すなわち，左部分木には根よりも小さなデータが格納されており，右部分木には反対に根より大きなデータが格納されています．

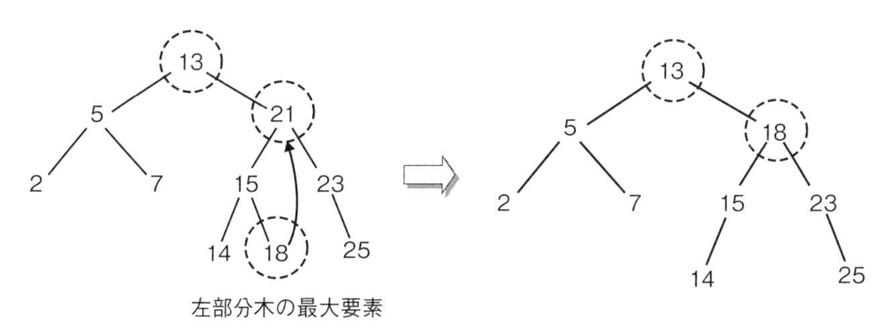

図3.7　子が二つある場合の削除：左部分木の最大要素を移動する場合

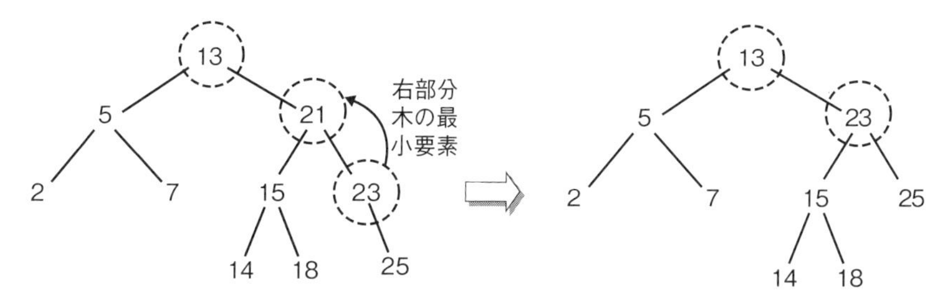

図3.8　子が二つある場合の削除：右部分木の最小要素を移動する場合

図3.7の21を削除する場合について具体的に説明しましょう．21が格納されている節を根とする部分木を考えると，その左部分木には21よりも小さなデータが格納されています．この部分木の最大要素は最も右下の節にあります．この場合は18がそれです．この要素を削除するデータの位置に持ってくれば，２分探索木の条件を変えずに21を削除することができます．

また，この部分木のさらに右部分木の最小要素は23ですが，これを削除する節に持ってきても２分探索木の条件は壊れません．

3.1.3　２分探索木による探索の計算量

ここで，２分探索木で探索を行う場合の計算量を調べてみましょう．図3.9に高さ３の完全に詰まった完全２分木を示しました．この木を探索する場合を考えてみましょう．この木には全部で15の節があるので，探索を開始する時点では探しているデータと比較する対象のデータは全部で15個あります．２分探索木では根から見て左部分木には右部分木よりも小さなデータが格納されているので，もしも目的のデータが根に格納されているデータよりも小さければ右部分木を探索する必要はなくなります．もちろん，根のデータよりも目的のデータが大きければ，反対に右部分木だけを探索すればよいことになります．したがって，次の探索では７個のデータだけが探索対象になります．このように探索を進めていくので，探索の対象となるデータ数は，15，７，３，１の順で少なくなります．したがって，全部で n 個の節からなる完全に詰まった高さ h の完全２分木の場合には，$h+1$ 回めの探索で比較対象のデータが１個になります．すなわち，次の式が成り立つことになります．

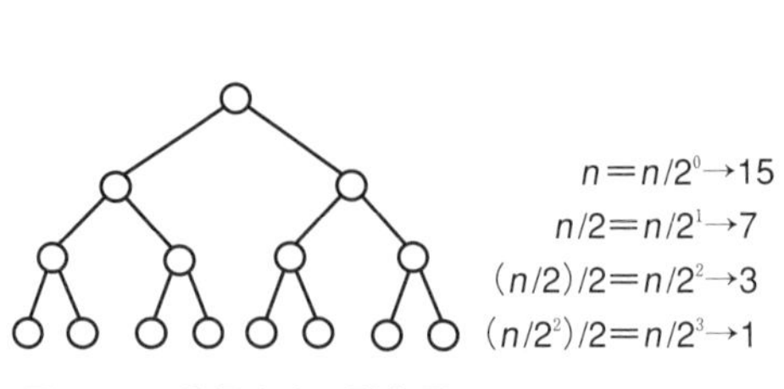

図3.9　２分探索木の計算量

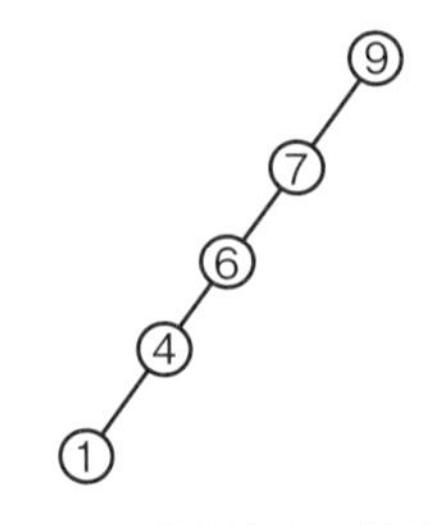

図3.10　２分探索木の特殊な例

$$n/2^h=1$$

この式を次のように書き換えます．

$$n=2^h$$
$$\log_2 n+1=h+1$$

2分探索木で探索する場合，最悪 $h+1$ 回の比較を行うことになるので，完全2分木の場合には最悪計算量は $\log_2 n+1$ です．したがって，計算量を O 記法で表すと，$O(\log n)$となります．このように，線形探索の計算量 $O(n)$に比べてはるかに小さくなります．

しかし，実際の2分探索木がすべて $O(\log n)$計算量で探索が行えるわけではありません．2分探索木の計算量が $O(n)$のように最悪になる特殊な例を図3.10に示します．すなわち，整列されたデータを挿入して作った2分探索木の場合，探索の効率は最悪になります．しかし，一般的には2分探索木に挿入するデータはランダムであると考えられるので，平均するとオーダーは $O(\log n)$となります．ちなみに，探索が最も効率よく行えるのは図3.9のような完全に節が詰まった完全2分木の場合です．

3.1.4　平 衡 木

2分探索木の計算量は $O(\log n)$ですが，挿入・削除を繰り返していると次第に木の枝振りが悪くなって左右のバランスが崩れ，最悪の場合計算量が $O(n)$になることが考えられます．これを避けるために挿入・削除を行うたびに木の形を調整して左右のバランスを保ち，木の高さが $\log_2 n$ 程度を保つようにした木を**平衡木**（balanced tree）といいます．平衡木にはAVL木があります．また，つねに平衡を保つ木にはB木があります．

■AVL木

2分探索木に，「すべての節で右部分木と左部分木の高さの差が1以内である」という条件をつけくわえたものです．したがって，図3.10のような木にはならず，木の高さは $\log_2 n$ 程度に保たれて，計算量は $O(\log n)$になります．

■B 木

2分探索木を一般化した多分木による探索木を用いる探索です．2分探索木を一般化して，各節が二つ以上の子を持つようにしたものは，**多分探索木**（multi-way search tree）と呼ばれますが，これに「根からすべての葉までの経路の長さが等しい」という条件を加えたものを**B 木**といいます．詳しい説明は省略しますが，このことからB木の高さは$O(\log n)$に収まるので，最悪の計算量も$O(\log n)$になります．B木では各節に多数のデータを登録できるので，多量のデータを外部記憶上に置いたとしても，1回のアクセスで扱えるデータの数が多く，外部記憶上での探索に向いています．

【参考】

AVL 木

AVL木は，下のような木です．節（根）Aから見た左部分木L_1と右部分木R_1の高さの差は，H，I，J，K，L，Mに注目すればわかるように1です．また，節Bから見た左部分木L_2と右部分木R_2の高さの差も，H，I，J，K，Mに注目すればわかるように1になります．同様に，節Cから見た左右の部分木L_3とR_3の高さの差も1になることがわかると思います．

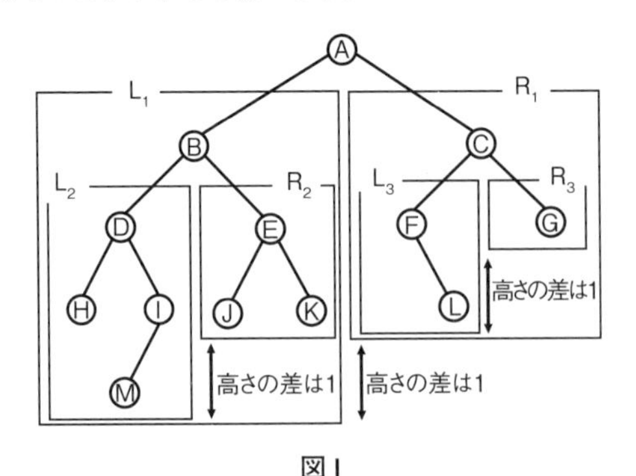

図I

このようなAVL木に要素を挿入するときには，2分探索木と同様に挿入します．たとえば，図Iに示したようなAVL木に要素Xを挿入して図II左側に示したような木ができたとしましょう．そうすると，部分木L_2とR_2の高さの差が2

になり，AVL 木の条件が満たされなくなります．これは

外側の部分木の高さが増加した場合

です．これを再び AVL 木にするためには，**1重回転**（single rotation）という操作を行います．この操作を行うと，節 B が根の位置に来て，節 E は節 A の子になり，結果的に図 II 右側のような木ができます．

また，図 III のような位置に要素 X，Y が挿入された場合には，部分木 R_2 と L_3 の高さの差が 2 になり，AVL 木の条件が満たされなくなります．これは，

内側の部分木の高さが増加した場合

です．これを再び AVL 木にするためには，**2重回転**（double rotation）という操作を行います．この操作を行うと，節 E が根の位置に来ます．また，節 E の左部分木だったものは節 B の右部分木になり，節 E の右部分木だったものは，節 A の左部分木になります．その結果，図 III 右側のような木ができます．

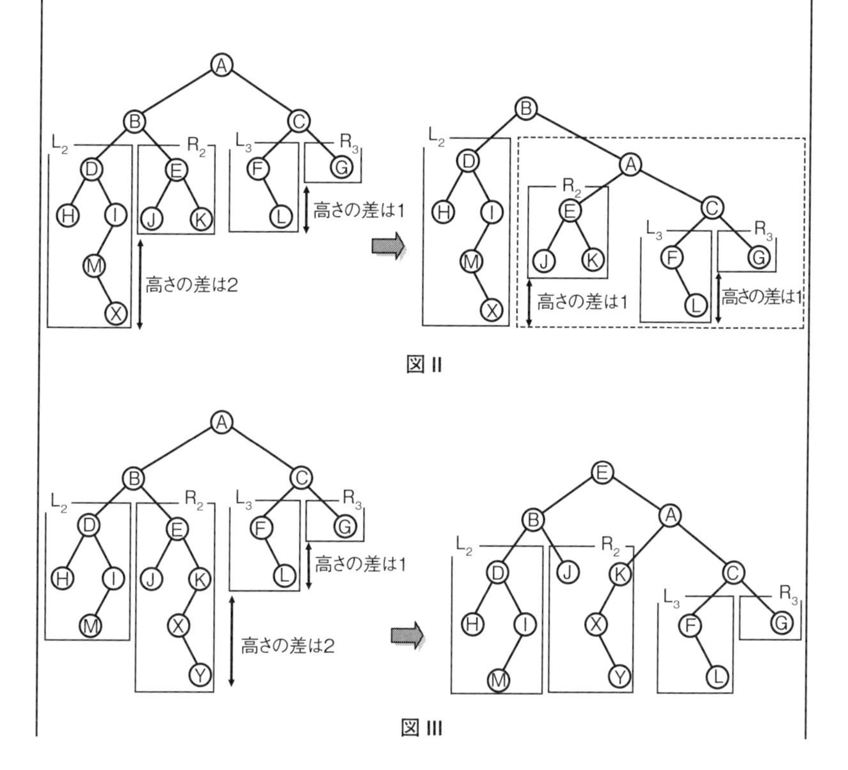

図 II

図 III

B木

B木は多分木ですが，各節に含まれるデータ数には次のような制限があります．

(1) 根は $1 \sim 2k$ 個のデータを含む．
(2) 根以外の節は $k \sim 2k$ 個のデータを含む．

これを k 次のB木といいます．また

(3) 葉以外の節に含まれるデータの数を m とすると，この節には $m+1$ 個の部分木を指すポインタがある．

という特徴があります．以下に，$k=2$ つまり2次のB木の例を示します．この場合，根は一つのデータと二つのポインタを含みます．また，レベル1の左の節は三つのデータと四つのポインタ，右の節は二つのデータと三つのポインタを含みます．

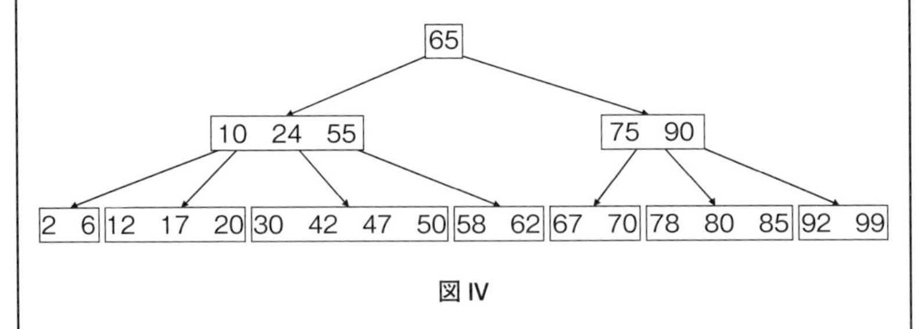

図 IV

この例からわかるように

節内のデータは昇順に並んでいる

という特徴もあります．

B木で目的のキーを探索するときには，はじめに根のデータとキーを比較し，キーがデータよりも小さければ左部分木へ，大きければ右部分木へ進みます．目的のキーが50の場合について考えると，$50<65$ なので左へ進みます．次の節では，$24<50<55$ なので，24と55の間のポインタが指示している左から三つめの葉へ進みます．この葉にはデータ50があるので，探索は成功したことになります．

3.2　2分探索法

第2章2.1.2項で配列に格納されたデータの線形探索を説明しましたが，ここでは線形探索よりも効率よく探索できる**2分探索法**（binary search）について説明します．

3.2.1　2分探索法による探索

2分探索法は一定の規則で順序立てて並んだデータに対する探索法です．ここでは，配列a[0]〜a[m]に昇順に格納されたデータを例にして説明します．探索の手順は次のようになります．

① データ列の中央の要素a[i]を選ぶ．

② この要素a[i]と目的のデータ（x）を比較し，

　x＝a[i]ならば，探索成功，

　x＜a[i]ならば，探索対象の配列をa[0]〜a[i−1]として①に戻る，

　x＞a[i]ならば，探索対象の配列をa[i+1]〜a[m]として①に戻る．

それでは，図3.11(a)のようなデータが配列に格納されているとして，具体

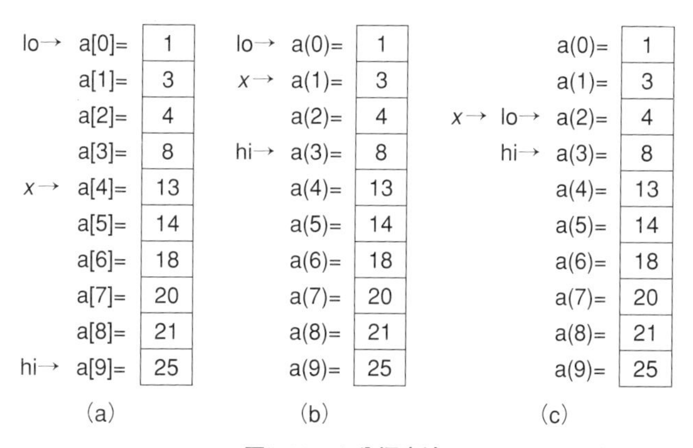

図3.11　2分探索法

的に説明します．はじめは配列すべてが探索対象で，目的のデータは$x=4$だとします．配列の下限を変数 lo，上限を hi とし，中央の要素として a[4]を選びます．中央の要素 a[4]と変数xとを比較すると$x<$a[4]$=13$なので，lo を a[0]，hi を a[3]として再度探索します．中央の要素を a[1]としてxと比較すると$x>$a[1]$=3$なので，今度は lo を a[2]，hi を[3]として探索します．中央の要素は lo と同じ a[2]となります．ここで$x=$a[2]$=4$となるので探索は成功して終了します．

3.2.2　2分探索法の計算量

探索対象の要素の数をnとして，2分探索法の計算量を見積もってみましょう．2分探索法では，1回めの探索が終了すると次の探索対象の要素数は半分になり，2回めの探索が終了すると探索対象の要素数はさらに半分になります．すなわち，探索の回数が1，2，3，…と進むにつれて，探索対象の要素数は，$n/2$，$n/4$，$n/8$，…と減少していきます．したがって，k回めの探索が終了した時点では探索対象の要素数は$n/2^k$となっています．最終的には探索対象の要素数が1になって探索がすべて終了しますから，その時点では$1=n/2^k$という関係式が成り立ちます（図3.12参照）．この式からnを求めると

$$1=\frac{n}{2^k}$$

$$2^k=n$$

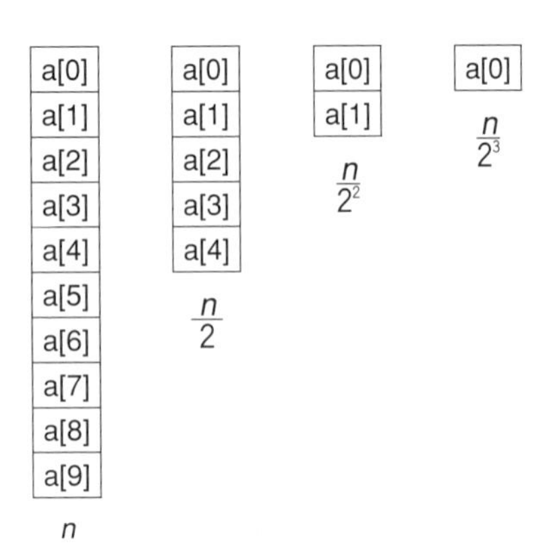

図3.12　2分探索法の計算量

両辺の対数をとると

$$\log_2 2^k = \log_2 n$$
$$k \log_2 2 = \log_2 n$$

ここで，$\log_2 2 = 1$を用いると

$$k = \log_2 n$$

すなわち，2分探索法で探索を繰り返す回数は$\log_2 n$となるので，計算量は$O(\log n)$となります．

3.3　ハッシュ法

私たちのまわりでは，時刻表や成績表など多くの**表**（table）が，データを整理するのに使われています．**ハッシュ法**（hashing）は表を用いた探索法の代表的なものです．表に格納されたデータは**レコード構造**になっています．レコード構造は図3.13のように**レコード**と**フィールド**からなっています．この表では一番上のレコードの各フィールドには，名前，電話番号，職種というデータが格納されています．

	フィールド	フィールド	フィールド	…
レコード	大野	555-1111	情報処理	
レコード	中村	777-0001	会計事務	
レコード	村上	888-1100	看護師	
⋮				

図3.13　レコードとフィールド

3.3.1　ハッシュ法による探索

表のデータを探索するときには，ある特定のフィールドのデータを対象にして探索します．この特定のフィールドを**キー**（key）といいます．ハッシュ法ではキーを特定の演算によってレコードの格納場所を表す値に変換します．各レコードのデータを格納する表を**ハッシュ表**（hash table）といいます．この操作を名前や電話番号，住所を記録した冊子（電話帳）に例えて説明すると，図3.14のようになります．たとえば，「今田」という知人の電話番号を探すとしましょう．この場合，アイウエオ順に名前が記載された電話帳の目次で「今田」を探します．そうすると，95ページに出ていることがわかります．そこで，95ページを開くと名前や住所，電話番号がわかります．

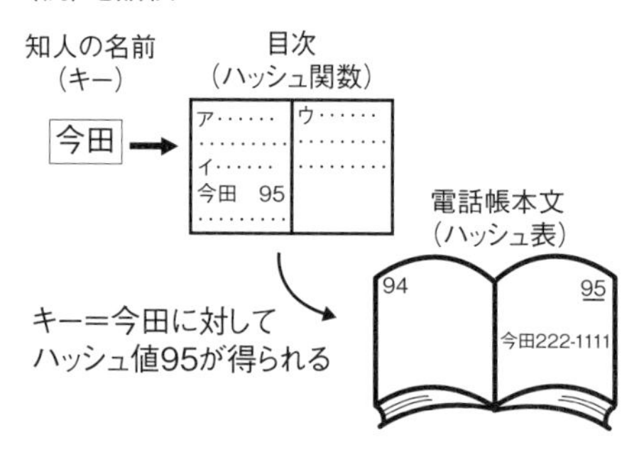

図3.14　ハッシュ表を電話帳に例えた場合

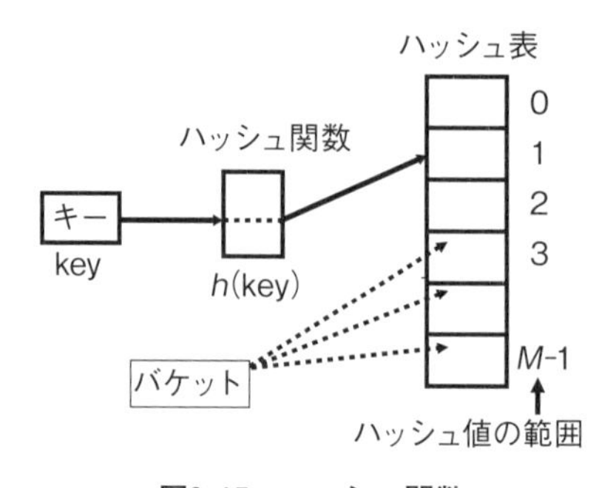

図3.15　ハッシュ関数

電話帳の目次に対応するのが**ハッシュ関数**（hash function）です．ハッシュ関数を使ってキーを整数値に変換し，その整数値をハッシュ表の要素番号とする位置にレコードを格納します．ハッシュ関数で変換された整数値を**ハッシュ値**（hash value）といいます．その様子を図3.15に示しました．なお，ハッシュ表の要素は**バケット**（bucket）と呼ばれます．

3.3.2 ハッシュ関数

それでは，ハッシュ関数はどんな関数でしょうか．そもそも hash とは，「細かく切る，切り刻む」という意味の英単語です．このような名前がついたのは，ハッシュ関数が大きな範囲の値を「切り刻んで」小さな範囲の値に変換するからです．ハッシュ関数を選ぶ基準は，次のようなものです．

① 変換に手間がかからない．
② 大きな範囲の値をとるキーの値を狭い範囲のハッシュ値に変換する．
③ さまざまなキーに対してハッシュ値が偏らない．

このような基準を満たす関数として，普通は次のような関数が用いられます．

$$h(\mathrm{key}) = \mathrm{key} \bmod M \tag{3.1}$$

ここで，key はキーの値が代入された変数です．M はハッシュ表の大きさで，最も単純な例でいえば配列の大きさです．また，mod は剰余演算の演算子です．(3.1)式で説明すると，key を M で割った余りが $h(\mathrm{key})$ということになります．したがって，キーの値を表の大きさで割った余りがハッシュ値になります．ハッシュ表が配列の場合，このハッシュ値を配列の要素番号とみなして，その要素番号を持つ要素にデータが登録されていることになります．このようなハッシュ関数を使ってデータの探索を行いますが，ハッシュ表へのデータの登録もこの関数を使います．データの登録も探索も基本的には同じ手続きを踏みます．

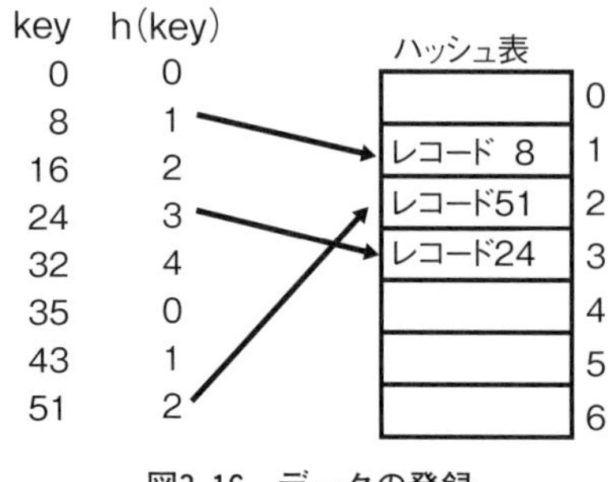

図3.16 データの登録

3.3.3 データの登録と探索

データの登録について，具体的に説明しましょう．図3.16のようなキー(key)を持つレコードがあったとします．このレコードを要素数7の配列に登録します．すなわち，ここでは$M=7$ということになります．(3.1)式で求めたハッシュ値がh(key)として表現されています．たとえばkey＝8の場合，h(key)＝1なので，データ8を持つレコードはハッシュ表である配列の要素番号1のバケットに格納されます．同様に，key＝24はh(key)＝3なので，データ24をもつレコードは要素番号3のバケットに格納されます．

データの探索もこれと同様で，たとえばkeyが8のデータを探索したい場合には，(3.1)式からハッシュ値を求めると1になり，要素番号1のバケットに格納されているデータが目的のデータということになります．また，この探索の手順から明らかなように，ハッシュ法による探索の計算量は$O(1)$で，非常に高速であることがわかります．しかし，ハッシュ法で作成したデータ構造は一定の順序で探索するのには向いていません．辞書，コンパイラで識別子と宣言内容を結びつけているシンボルテーブルなどはハッシュ法を使うのに向いています．

例題3.2 次のハッシュ関数$h(x)$を使って，整数のデータ，4，8，10をハッシュ表に登録せよ．ただし，ハッシュ表は要素数7の配列とする．

$$h(x)=x \bmod 7$$

[解答]

x=4, 8, 10について $h(k)$を計算すると，次のようになる．

$$h(4) = 4 \bmod 7 = 4$$

$$h(8) = 8 \bmod 7 = 1$$

$$h(10) = 10 \bmod 7 = 3$$

これらを要素数5の配列に登録すると，次のようになる．

要素番号	0	1	2	3	4	5	6
配列要素		8		10	4		

3.3.4 衝　　突

(3.1)式を使ってデータの登録を行うと，異なるkeyが同じハッシュ値に変換されることがあります．すなわち，同じ要素に複数のデータを登録するようなことが起こります．これを**衝突**（collision）といいます．具体的には図3.17のように，key=8とkey=43のハッシュ値はどちらも1になり，同じ要素番号の要素に登録することになります．また，key=15とkey=37も同様で，どちらのハッシュ値も2になります．同じ要素に複数のデータを登録することはできないので，何らかの工夫が必要になります．

衝突に対処する方法は大きく分けて二つあります．一つは**チェイン法**(chaining）で，もう一つは**オープンアドレス法**（open addressing）です．

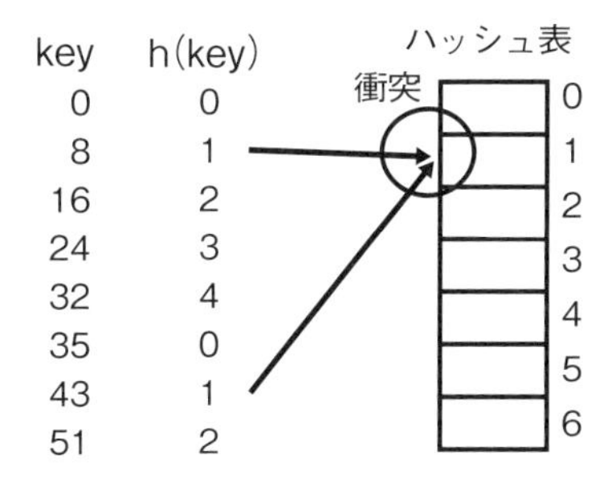

図3.17　衝突

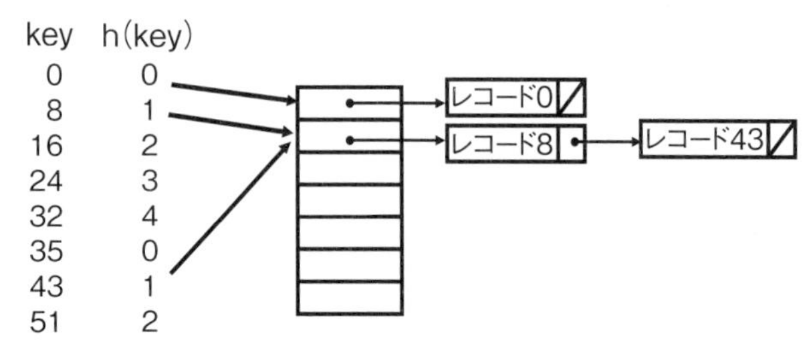

図3.18　チェイン法

■チェイン法

チェイン法は，レコードを連結リストで作る方法です．すなわち，ハッシュ表のバケットにはレコードへの参照だけを登録し，同じハッシュ値のレコードは連結リストでつないでいきます（図3.18）．

チェイン法では，同じバケットに衝突したキーのレコードを数珠つなぎにつないでいくので，ハッシュ表のサイズが小さいと一つのバケットに長い連結リストができることになります．ハッシュ法のデータ探索では，まずハッシュ表でハッシュ値を探しますが，チェイン法の場合，その後同じハッシュ値が参照する連結リストを線形探索することになります．したがって，連結リストが長くなると探索の計算量が大きくなります．この点を考慮して，衝突によって連結リストが長くならないようハッシュ表のサイズを考えなければなりません．

前節で，ハッシュ法でデータを登録・探索するときの計算量は$O(1)$であると説明しました．しかし，衝突が起こったときの計算量も$O(1)$なのでしょうか．チェイン法では，衝突が起こると連結リストにレコードを登録していきます．連結リストが長くなると，登録・探索のどちらについても計算量が大きくなるような気がします．では，実際にはどうなのでしょうか．

ハッシュ表のバケットの数をBとし，登録するレコードの数をnとしましょう．そうすると，図3.19に示すように，各バケットに登録される連結リストの平均レコード数はn/Bになります．したがって，登録または探索の計算量は次のようになります．

$$O(1)+O\left(\frac{n}{B}\right)=\begin{cases} O(1), & (n \ll B) \\ O(n), & (n \gg B) \end{cases}$$

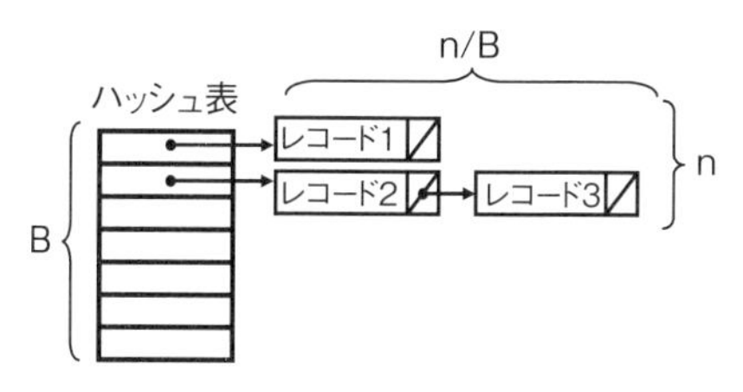

図3.19　チェイン法の計算量

つまり，登録するレコードの数 n がバケットの数 B に比べて小さければ，n/B は小さくなって n の値の影響を受けにくくなり，ほぼ定数とみなせるようになります．すなわちこの場合には，全体のオーダーは $O(1)$です．一方，レコードの数がバケットの数に比べて多くなると，n/B は n の値によって影響を受けるようになるため，$O(n/B)$は $O(n)$となり，全体のオーダーは $O(n)$になって探索の手間がかかるようになります．したがって，チェイン法の場合に計算量を大きくしないためには，バケットの数をある程度多くしておくことが必要になります．

■オープンアドレス法

オープンアドレス法では，ハッシュ表のバケットにレコードを登録します．衝突が起こった場合には，空いているバケットが見つかるまでハッシュを繰り返します．ハッシュを繰り返すことを**再ハッシュ**（rehashing）といいます．

再ハッシュについて，図3.20を例にして説明しましょう．まず(3.1)式を使ってハッシュします．M=7として(3.1)式を書き換えると次のようになります．

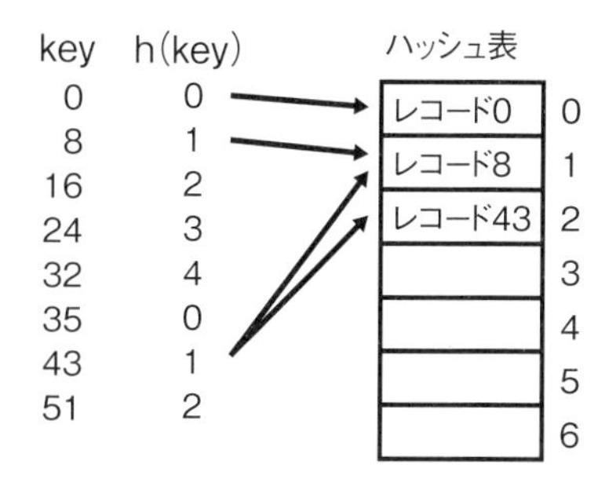

図3.20　オープンアドレス法

$$h_0 = \text{key} \bmod 7 \tag{3.2}$$

key＝43に対するハッシュ値は $h_0=1$ なので，key＝8のハッシュ値と同じ値になり，衝突が起こります．この場合，今度は次の式で再ハッシュします．

$$h_1 = (h_0 + 1) \bmod 7 = (1+1) \bmod 7 = 2$$

再ハッシュの結果，新しいハッシュ値は $h_1=2$ となるので，要素番号2の要素に登録します．この例では一度の再ハッシュで空いているバケットに登録できましたが，再ハッシュで得られたハッシュ値がすでに塞がっている場合もあります．つまり，再ハッシュした結果また衝突が起こるという場合です．そのようなときには，次の式で再ハッシュします．

$$h_2 = (h_0 + 2) \bmod 7$$

これでも衝突が起こる場合には，さらに同様な再ハッシュを繰り返します．

$$h_3 = (h_0 + 3) \bmod 7$$

このような再ハッシュを一般式で表すと次のようになります．

$$h_i = (h_0 + i) \bmod M \qquad (i = 1,\ 2,\ 3,\ \cdots) \tag{3.3}$$

しかし，これを繰り返すとデータが連続したハッシュ値に集まる**塊**(cluster)が生じやすくなります．塊があると，再ハッシュの回数が増えます．これはオープンアドレス法の問題点です．塊の発生を避けるために，c 個おきにバケットを調べていく方法が考えられます．

$$h_i = (h + ci) \bmod M, \qquad i = 1,\ 2,\ 3,\ \cdots,\ c\text{は適当な整数定数}$$

すなわち，最初の衝突が起こった時には，

$$h_1 = (h + c) \bmod M$$

としてハッシュ値を求め，そこでも衝突が起こった場合には，

$$h_2 = (h + 2c) \bmod M$$

として再ハッシュを繰り返します．

しかし，この場合にも c 個おきにバケットが連続する傾向があり，本質的な解決にはなりません．このように，現在のバケットの位置をもとにして次のバケットを決めると，塊の発生は避けられません．そこで，再ハッシュのたびに調べるバケットをランダムに選択すると，さらに塊の発生を防ぐことができます．すなわち，n_1，n_2，n_3，…，n_i，…をランダムな数とし，衝突が起こった時に次のように再ハッシュします．

$$\begin{aligned} h_1 &= (h + n_1) \bmod M \\ h_2 &= (h + n_2) \bmod M \\ h_3 &= (h + n_3) \bmod M \\ &\vdots \\ h_i &= (h + n_i) \bmod M, \qquad n_1,\ n_2,\ n_3,\ \cdots,\ n_i,\ \cdots \text{はランダムな数列} \end{aligned}$$

このように，オープンアドレス法では塊を避ける工夫が必要になります．

問題3.3　ハッシュ関数 $h(x)$ が次のような関数のとき，整数データを下の配列に登録したい．以下の問いに答えよ．

$$h(x) = x \bmod 13$$

(1)　整数のデータ 5，15，19を下の配列に登録せよ．

(2)　(1)を登録したあとで，2，28を格納したい．どの要素番号に格納されるか．ハッシュ関数，$h_i = (h(x) + i) \bmod 13$ を用いて考えよ．

(3)　衝突を避けるために行う(2)の方法を何というか．

0	1	2	3	4	5	6	7	8	9	10	11	12

さて，オープンアドレス法を用いた場合，計算量は $O(1)$ よりも大きくなるのでしょうか．この場合，詳しい説明は省いて結論だけ簡単に説明します．こ

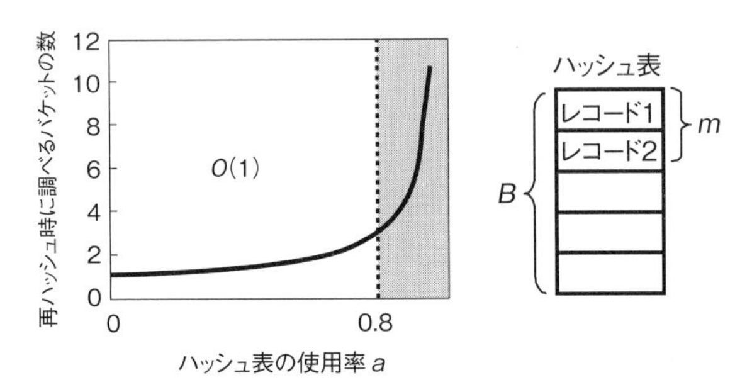

図3.21　オープンアドレス法によるハッシュ表の使用率

こで述べた再ハッシュのように，衝突が起こったときに順番にバケットを調べていく方法では，探索によってデータが見つかるまでに調べるバケットの数は，データが見つかった場合，次の式で表されます（参考図書〔12〕参照）．

$$\frac{1-\frac{a}{2}}{1-a} \qquad \left(a=\frac{m}{B}\right)$$

ここで，m は登録したレコードの数で，B はバケットの数です．したがって，a はハッシュ表の使用率を表します．この式で表された調べるバケットの数をグラフにしてみると図3.21のようになります．この図からわかるように，ハッシュ表の使用率が $a=0.8$ 程度までは，再ハッシュ時に調べるバケットの数は1桁程度ですが，それ以上の使用率になると調べるバケットの数は急激に増えていきます．したがって，登録するレコードの数がバケットの数の8割程度以下であれば，探索のオーダーは $O(1)$ と考えていいでしょう．

第4章
整　　列

整列は**ソート**（sort）ともいいます．これは，キーの大小によってレコードを並べ替える操作です．たとえば，表4.1のようなマラソンランナーの名前，タイム，年齢，所属をフィールドとするレコードがあったとします．タイムをキーにしてこのレコード集団を昇順に整列すると，表4.2のようになります．また，年齢をキーにして昇順に整列すると，表4.3のようになります．

順序データを整列する場合，2通りの並べ方があります．一つは昇順，もう一つは降順の整列法です．**昇順**（ascending order）というのは，キーが小さなものから大きなものへ単調増加になるように並べる方法で，たとえば図4.1(a)のようなものです．また**降順**（descending order）は，キーが大きなものから小さなものへ単調減少になるように並べる方法で，図4.1(b)になります．な

表4.1　マラソンのレコード

名前	タイム	年齢	所属
山田　太郎	3時間30分	35	北海道RC
川田　次郎	2時間15分	42	東京マラソンクラブ
谷田　三郎	4時間50分	26	福岡ランナーズ
⋮	⋮	⋮	⋮

表4.2　タイムをキーにしてマラソンのレコードを昇順整列した場合

名前	タイム	年齢	所属
川田　次郎	2時間15分	42	東京マラソンクラブ
山田　太郎	3時間30分	35	北海道RC
谷田　三郎	4時間50分	26	福岡ランナーズ
⋮	⋮	⋮	⋮

表4.3　年齢をキーにしてマラソンのレコードを昇順整列した場合

名前	タイム	年齢	所属
谷田　三郎	4時間50分	26	福岡ランナーズ
山田　太郎	3時間30分	35	北海道 RC
川田　次郎	2時間15分	42	東京マラソンクラブ
⋮	⋮	⋮	⋮

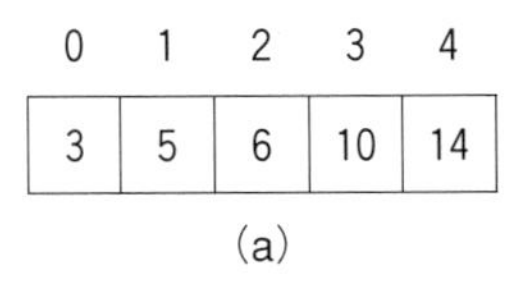

図4.1　(a) 昇順整列，(b) 降順整列

お，この図では配列に整数データが格納された様子を表しているので，要素番号で並べ方の順番がわかりますが，要素番号がない場合には，通常の方法に従って左側から右側へ並べることにします．

整列のアルゴリズムは，内部整列と外部整列，比較による整列と比較によらない整列などいろいろな基準で分類できますが，ここでは比較によらない整列は取り上げません．ここで説明する整列法を平均計算量（オーダー）と一緒にまとめると，次のようになります．

- 単純なアルゴリズム　$O(n^2)$
  バブルソート（bubble sort）
  選択ソート（selection sort）
  挿入ソート（insertion sort）
- 高速なアルゴリズム　$O(n \log n)$
  ヒープソート（heap sort）
  クイックソート（quick sort）
  マージソート（merge sort）
- 中間的な速さのアルゴリズム　$O(n^{3/2})$
  シェルソート（shell sort）

4.1 単純な整列アルゴリズム

ここでは，計算量が$O(n^2)$の整列アルゴリズムを説明します．具体的には表題に挙げた三つの整列アルゴリズムで，バブルソート(bubble sort)，選択ソート（straight selection sort)，挿入ソート（straight insertion sort）です．なお，この節でとりあげる挿入ソートを「直接挿入ソート」ということがあります．それは，次の節で説明するシェルソートなど，大きく分類すると挿入ソートに分類される整列法がほかにもあるからです．また，選択ソートは「直接選択ソート」ともいいます．この場合も，ヒープソートなど選択ソートに分類される他の整列法があるからです．

4.1.1 バブルソート

バブルソート（bubble sort）は最も単純な整列法です．たとえばトランプなどの数字カードをでたらめに並べて，次の手順に従って整列すると，この手順を繰り返すごとにカードが右端から左へ移動します．この様子が水底から水面に泡が上ってくる様子と似ているのでbubble（泡）ソートと呼ばれているようです．

■バブルソートのアルゴリズム

① 配列の末尾から先頭に向かって隣り合う要素を比較する．

② 後ろの要素が前の要素よりも小さければ交換する（昇順整列の場合)．

③ ①，②を繰り返す．

図4.2に次の数字をバブルソートで昇順整列する例を示します．ステップごとに○で囲んだ二つの数字を比較しています．縦棒の左側の数字はソートが済んだ数字です．

図4.3にバブルソートのJavaコードの一例を示します．なお図4.4に示したswap（int x, int y）は二つの配列要素のデータを入れ替えるメソッドで，他の整列法でも同じものを使っています．

	15	6	22	28	3	12
(1)	15	6	22	28	③	⑫
(2)	15	6	22	㉘	③	12
(3)	15	6	㉒	③	28	12
(4)	15	⑥	③	22	28	12
(5)	⑮	③	6	22	28	12
(6)	3	15	6	22	㉘	⑫
(7)	3	15	6	㉒	⑫	28
(8)	3	15	⑥	⑫	22	28
(9)	3	⑮	⑥	12	22	28
(10)	3	6	15	12	㉒	㉘
(11)	3	6	15	⑫	㉒	28
(12)	3	6	⑮	⑫	22	28
(13)	3	6	12	15	22	28

図4.2　バブルソートの例

```
public void bubbleSort(){
  int i,j;

  for(i=0; i<n-1; i++)
   for(j=n-1; j>i; j--)
    if( a[j-1]>a[j] )
      swap(j-1,j);
}
```

図4.3　バブルソートのコード

```
private void swap(int x,int y){
   double temp = a[x];
   a[x] = a[y];
   a[y] = temp;
}
```

図4.4　配列要素を交換するメソッド

問題4.1　次の配列要素をバブルソートで降順に整列したい．配列要素の移り変わりを整列が完了するまで書け．

要素番号	0	1	2	3	4	5
配列要素	2	5	3	1	4	6

4.1.2　選択ソート

選択ソート（selection sort）は，整列されていない数字列から一番小さい要素を選び出して（選択して）先頭に持っていく方法です．もちろん降順整列の場合は一番大きい要素を選択します．ここでは，昇順整列する場合のアルゴリズムを説明します．要素数 n の配列 a[0]～a[$n-1$]にデータが格納されているとしましょう．

■選択ソートのアルゴリズム

① a[0] ～ a[$n-1$]のうち最小の要素を探し，a[0]と交換する．
　$i=1, 2, \cdots, n-2$について，以下を繰り返す．
② a[i] ～ a[$n-1$]のうち最小の要素を探し，a[i]と交換する．

図4.5にバブルソートのときと同じ数字を選択ソートで昇順整列する例を示します．○で囲んだ数字が選択される最小の数字で，縦棒の左側はソート済みの数字になります．

	15	6	22	28	3	12
(1)	15	6	22	28	③	12
(2)	3 |	⑥	22	28	15	12
(3)	3	6 |	22	28	15	⑫
(4)	3	6	12 |	28	⑮	22
(5)	3	6	12	15 |	28	㉒
(6)	3	6	12	15	22 |	28

図4.5　選択ソート

図4.6に選択ソートのコードを示します．

```
public void selectionSort(){
  int i,j,min;

  for(i=0; i<n-1; i++){
   min=i;
   for(j=i+1; j<n; j++)
    if( a[j]<a[min] ) min=j;
   swap(i,min);
  }
}
```

図4.6　選択ソートのコード

問題4.2　次の配列要素を選択ソートで昇順に整列したい．配列要素の移り変わりを整列が完了するまで書け．

要素番号	0	1	2	3	4	5
配列要素	2	5	3	1	4	6

4.1.3　挿入ソート

挿入ソート（insertion sort）は，トランプの手札を並べるときの手順に似ています．図4.7のように整列済みの数字列と整列されていない数字列があるとします．この数字列の整列された部分のすぐ右隣の数字を整列された列の適当な位置に挿入します．このアルゴリズムをまとめると次のようになります．なお，ほとんどソート済みのデータに対しては，計算量が $O(n)$ で済むのが挿入ソートの特徴です．

■挿入ソートのアルゴリズム

①　一番左端の要素を整列済みとする．

②　整列済み要素の次の要素を，整列済みの部分の適当な位置に挿入する．

③　要素がなくなるまで，②を繰り返す．

整列済み	整列されていない

図4.7　挿入ソートの数字列

図4.8に挿入ソートで昇順整列する例を示します．この場合も数字列はバブルソートのときと同じです．○で囲んだ数字が挿入される数字で，縦棒の左側はソート済みです．

	15	6	22	28	3	12
(1)	15 |	⑥	22	28	3	12
(2)	6	15 |	㉒	28	3	12
(3)	6	15	22 |	㉘	3	12
(4)	6	15	22	28 |	③	12
(5)	3	6	15	22	28 |	⑫
(6)	3	6	12	15	22	28 |

図4.8　挿入ソート

図4.9に挿入ソートのコードを示します．

```
public void insertionSort(){
  int i,j;

  for(j=1;j<n;j++){
   double temp=a[j];
   i=j;
   while(i>0 && a[i-1]>=temp){
      a[i]=a[i-1];
      --i;
   }
   a[i]=temp;
  }
}
```

図4.9　挿入ソートのコード

問題4.3 次の配列要素を挿入ソートで昇順に整列したい．配列要素の移り変わりを整列が完了するまで書け．

要素番号	0	1	2	3	4	5
配列要素	2	5	3	1	4	6

4.2 シェルソート

4.2.1 シェルソートのアルゴリズム

1956年，D. Shellが発表した**シェルソート**（Shell sort）は挿入ソートを改善して効率を良くしたものです．はじめ大雑把に挿入ソートを繰り返し，最後に通常の挿入ソートを行います．もう少し具体的に手順をまとめると，次のようになります．

① hだけ離れた数字で組を作る．
② この組の中で数字を挿入法で整列する．
③ hの値を小さくして，①に戻る．

hの値をどうとるかで，計算量が変わってきます．ここでは，はじめにhの値を数字の個数の1/2とし，次に1/4，そして1/8と小さくしていくことにします．では，次の数字列を例にしてシェルソートのアルゴリズムを具体的に説明しましょう．

80	30	72	96	35	46	12	7	41	90	56	14

まず，この数字列からhおきの数字の組を作ります．はじめ，hの値はこの数字列を2等分した個数とします．この数字列は12個の数でできているので，$12/2=6$，すなわち$h=6$とします．つまり，次のように6個おきの数字の組を作り，各組のなかで数字を整列します．

(80, 12), (30, 7), (72, 41), (96, 90), (35, 56), (46, 14)
→ (12, 80), (7, 30), (41, 72), (90, 96), (35, 56), (14, 46)　…(1)

次に $h=12/4=3$ として，図4.10(1)の数字列を整列します．つまり，次のように3個おきの数字の組を作り，各組の中で挿入ソートを行います．

(12, 90, 80, 96), (7, 35, 30, 56), (41, 14, 72, 46)
→ (12, 80, 90, 96), (7, 30, 35, 56), (14, 41, 46, 72)　…(2)

次は，$h=12/8=1$，つまり1個おきの数字の組を作り，各組の中で挿入ソートを行いますが，これは結局，(2)の数字列を挿入ソートで整列することになります．ただし，ここまでのソートで大まかに整列が行われてきたので，数字列はでたらめに並んでいるわけではなく，かなり整列された状態になっています．したがって，この段階で行う挿入ソートは，まったくはじめから行うよりも少ない計算量で済みます．最後の挿入ソートの過程を(3)に示しました．

	80	30	72	96	35	46	12	7	41	90	56	14
	h=6											
(1)	12	7	41	90	35	14	80	30	72	96	56	46
	h=3											
(2)	12	7	14	80	30	41	90	35	46	96	56	72
	h=1											
(3)	7	12	14	80	30	41	90	35	46	96	56	72
	7	12	14	80	30	41	90	35	46	96	56	72
	7	12	14	80	30	41	90	35	46	96	56	72
	7	12	14	30	80	41	90	35	46	96	56	72
	7	12	14	30	41	80	90	35	46	96	56	72
	7	12	14	30	41	80	90	35	46	96	56	72
	7	12	14	30	35	41	80	90	46	96	56	72
	7	12	14	30	35	41	46	80	90	96	56	72
	7	12	14	30	35	41	46	80	90	96	56	72
	7	12	14	30	35	41	46	56	80	90	96	72
	7	12	14	30	35	41	46	56	72	80	90	96

図4.10　シェルソートの例

問題4.4　次の整数データを，$h=4$，1としてシェルソートで昇順に整列せよ．

28	37	2	26	7	48	23	15

4.2.2　シェルソートの計算量

シェルソートの計算量は間隔 h によって異なります．解析的，実験的に知られている計算量には，次のようなものがあります．h の数列を

$$h_1,\ h_2,\ h_3,\ \ldots,\ h_{t-1},\ h_t$$

と書くことにすると

$$h_{s-1}=3h_s+1,\ h_t=1 \ \rightarrow\ \{\ldots,\ 364,\ 121,\ 40,\ 13,\ 4,\ 1\}\text{のとき，}O(n^{1.25})$$
$$h_{s-1}=2h_s+1,\ h_t=1 \ \rightarrow\ \{\ldots,\ 63,\ 31,\ 15,\ 7,\ 3,\ 1\}\text{のとき，}O(n^{1.5})$$

などです．

4.3　ヒープソート

ヒープソート（heap sort）はこれまでの整列法とは異なり，木構造を利用して整列する方法です．計算量は $O(n \log n)$で，後で説明するクイックソートと同じですが，クイックソートよりは遅い整列法です．ヒープソートで利用する木構造は**半順序木**（partial order tree）と呼ばれ，2分探索木よりも条件がゆるい順序木です．半順序木については以下の項で説明します．

4.3.1　半順序木

半順序木は，すべての節について親の値が子の値よりも小さいか等しいという条件の2分木で，条件をまとめると次のようになります．

① 完全2分木
② 親の値≦子の値
③ 兄弟間に大小の制約がない

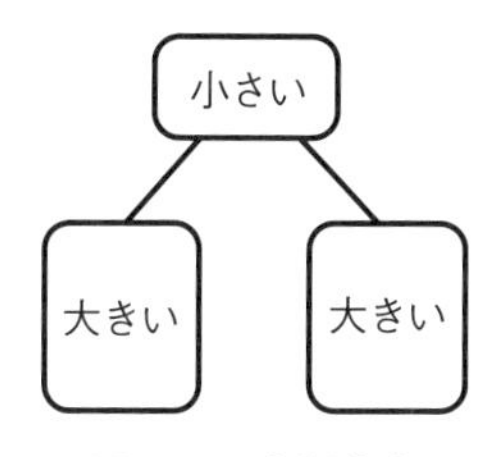

図4.11 半順序木

またこの関係を図で示すと，図4.11のようになります．

この条件からわかるように，半順序木では一番小さい値が根に配置されます．したがって，根のデータを順に取り出すと小さい値から取り出すことになり，整列法として利用できることがわかります．なお，半順序木の条件②を逆転して「親の値≧子の値」とすると，反対に大きな値から順に取り出すことになります．反順序木の定義は，このように親子の値の関係を逆転させる場合もあります．

4.3.2 ヒ ー プ

配列を使って半順序木を実現したデータ構造は**ヒープ**（heap）と呼ばれます．半順序木とヒープの関係は具体的には次のようになります．図4.12のような木を幅優先順で走査するときの訪問順を配列の要素番号として，節のデータを配列要素に格納します．このとき，配列には図4.13のようにデータが格納されます．要素番号０の配列要素は使わないことにします．このようにすると，配列の要素番号１にある節Ａの子は，要素番号２と３の配列要素に格納されています．要素番号２にある節Ｂの子は，要素番号４と５の配列要素に格納

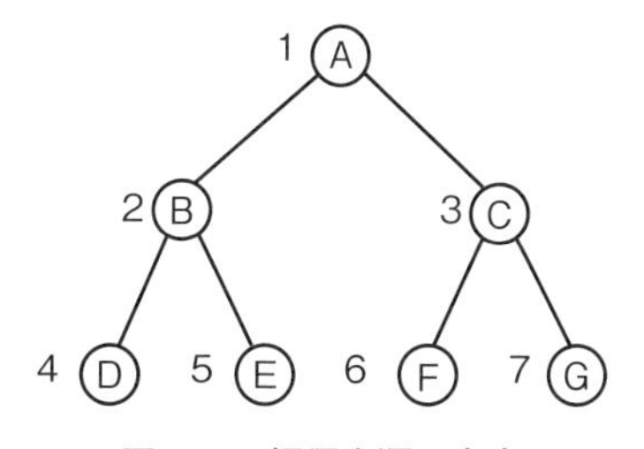

図4.12 幅優先順の走査

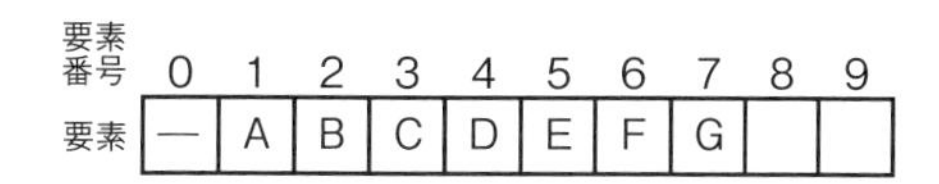

要素番号	0	1	2	3	4	5	6	7	8	9
要素	—	A	B	C	D	E	F	G		

図4.13 木のデータを配列に格納する

されています．すなわち，配列の要素番号 j の子は，要素番号 $2j$ と $2j+1$ の配列要素に格納されることになります．反対に子の立場から見ると，j 番めの節の親は要素番号 $\lfloor j/2 \rfloor$ の配列要素に格納されていることになります．ただしここで，記号 $\lfloor j/2 \rfloor$ は $j/2$ の値を超えない最大の整数を表します．

半順序木の節に格納されているデータをこのように配列に格納してヒープを作ると，データの整列が容易になります．

4.3.3 ヒープソート

ヒープを利用してデータを整列する方法を説明します．ヒープの要素番号1の要素に一番小さい値が格納されているので，まずこの値を取り出します．取り出すといっても他の変数に格納するのではなく，同じ配列の末尾のデータと交換し，末尾の要素は整列済みと考えます．しかしこのとき，ヒープの先頭の要素はもう一番小さなデータではありません．すなわち，この配列はヒープではなくなっていますから，これをヒープになるようにデータの再配置しなければなりません．これをヒープ化といいます．したがって，ヒープを使って整列を行う場合，図4.14に示したように，データの取り出しとヒープ化を交互に行いながらデータの整列を行います．

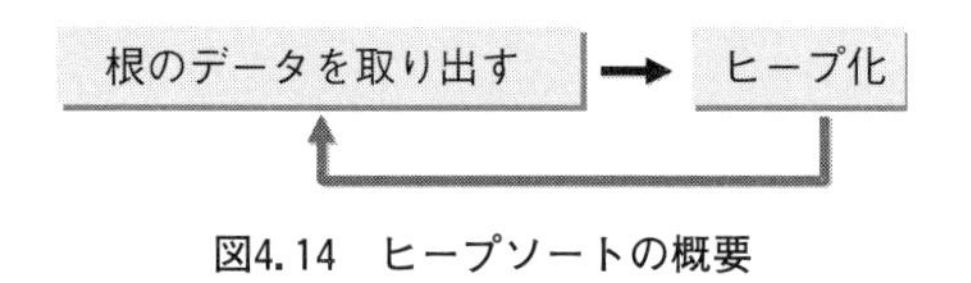

図4.14　ヒープソートの概要

では，具体的に図4.15のデータ列を用いてヒープソートを説明します．このデータ列はヒープになっていません．そこでまずヒープ化を行います．以下に手順を箇条書きして説明します．

–	3	6	2	1	4

図4.15　整列対象のデータ列

(1)　1と4を比較して，小さいほうを6と入れ替える．

−	3	6	2	1	4

⇩

−	3	1	2	6	4

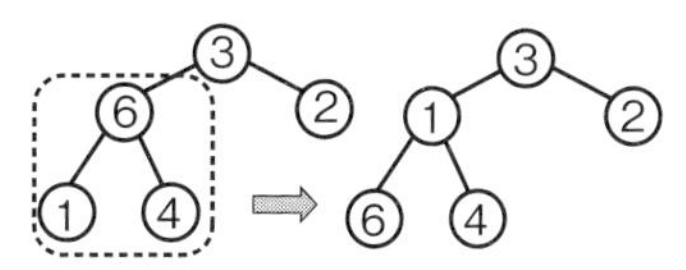

(2)　1と2を比較して，小さいほうを3と入れ替える．

−	3	1	2	6	4

⇩

−	1	3	2	6	4

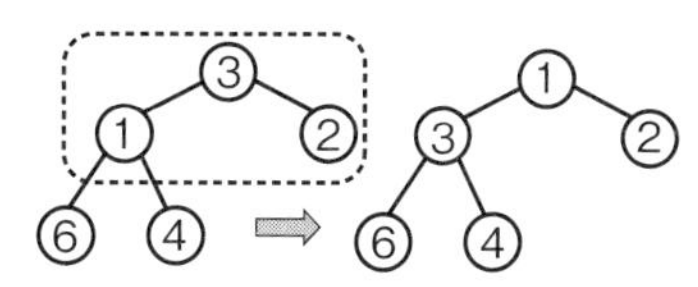

このように入れ替えを行ったあと，入れ替えられた節とその下位の部分木がヒープ条件を満たさなくなった場合には，必要なら入れ替えを行っていく．この例の場合は，1と3の節が入れ替えられましたが，3以下の部分木がヒープ条件を満たすので，それ以上の入れ替えは必要ありません．

このような手順でヒープが完成します．次に，ヒープソートに移ります．ただし，ソートの過程でデータを取り出すたびにヒープ化も行います．なお，以下の半順序木の図で点線の枝は半順序木から取り出されたデータが格納された節で，半順序木から切り離されていることを意味しています．

(1)　根のデータ(1)と末尾のデータ(4)を交換する．

−	1	3	2	6	4

⇩

−	4	3	2	6	1

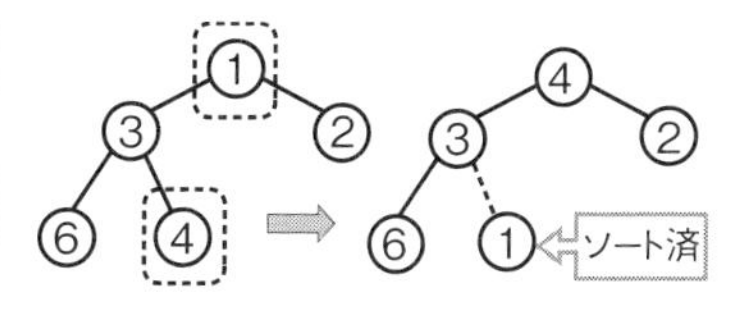

(2)　根(4)と小さいほうの子(2)を比較し，
根が子より大きければ交換する．

−	4	3	2	6	1

⇩

−	2	3	4	6	1

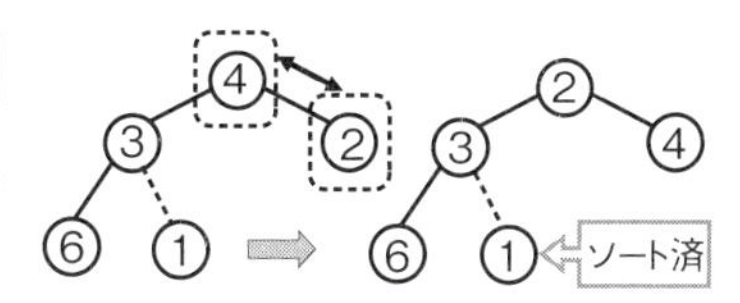

(1′)　根のデータ(2)と末尾のデータ(6)を交換する．

–	2	3	4	6	1

⇩

–	6	3	4	2	1

ソート済

(2′)　根(6)と小さいほうの子(3)を比較し，
根が子より大きければ交換する．

–	6	3	4	2	1

⇩

–	3	6	4	2	1

ソート済

(1″)　根のデータ(3)と末尾のデータ(4)を交換する．

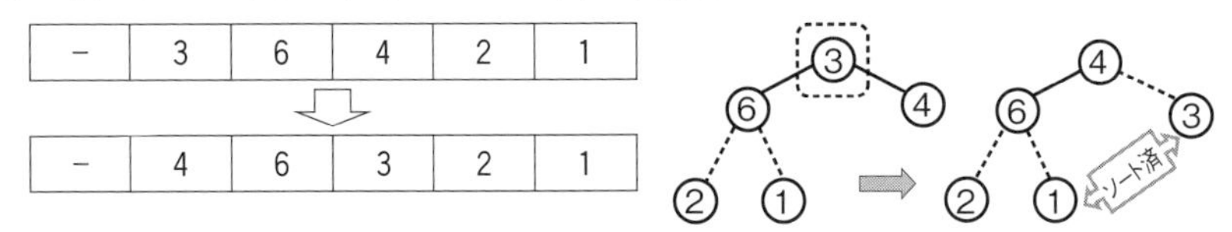

(2″)　根(4)と子(6)を比較する（子は一つしかない）．
根が子より小さいので交換せずに(1)へ戻る．

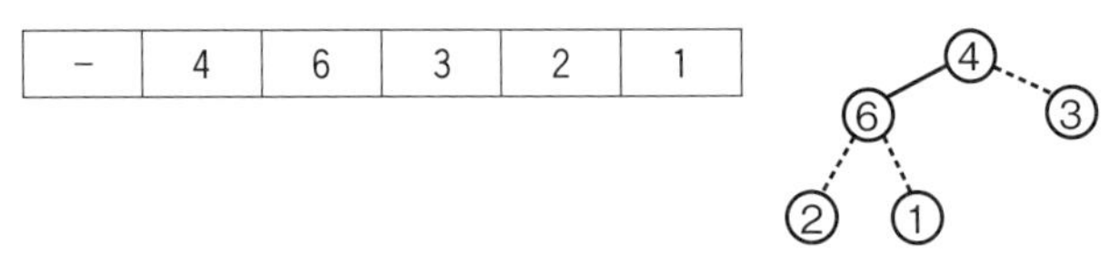

(1″)　根のデータ(4)と末尾のデータ(6)を交換する．

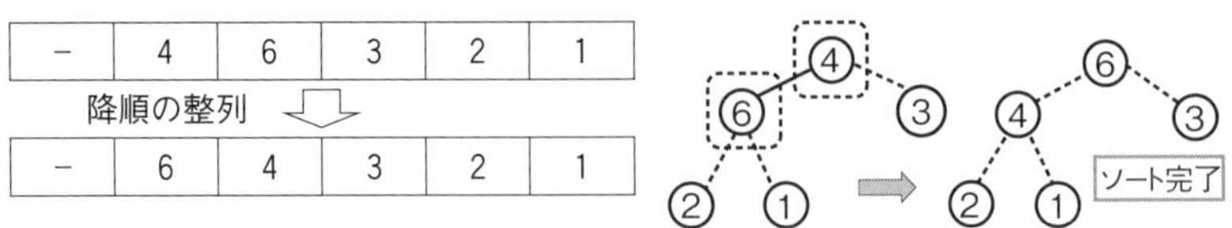

以下にもう一つヒープソートの例を示します．

例4.1　12，13，14，15，9，5を降順整列する．

① ヒープになっていない配列をヒープ化する．

初期配列

0	1	2	3	4	5	6
–	12	13	14	15	9	5

部分木（A）をヒープ化

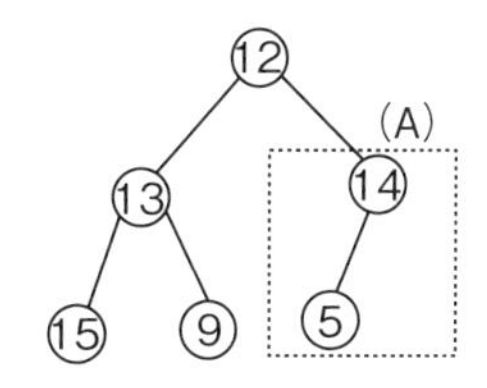

部分木（B）をヒープ化

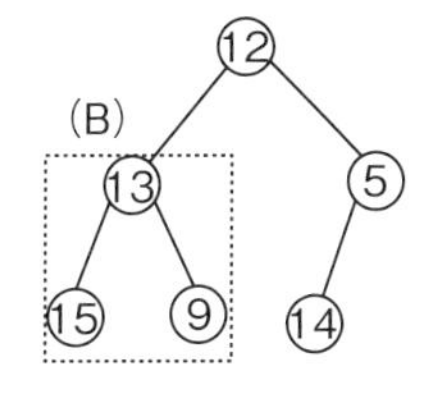

部分木（C）をヒープ化

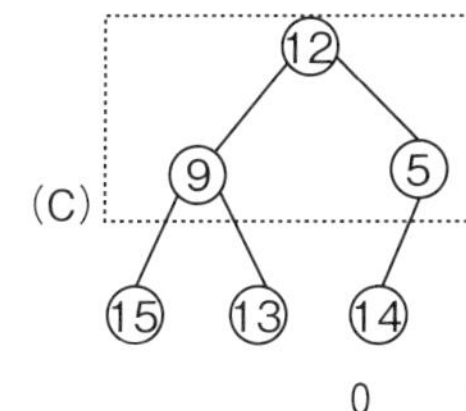

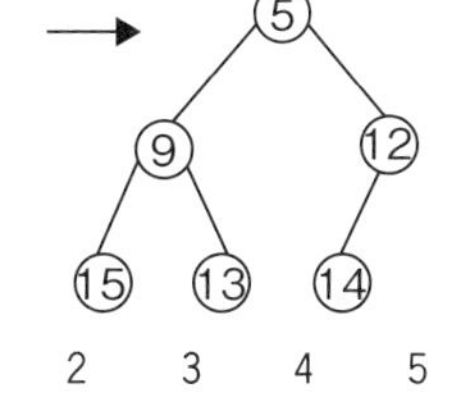

0	1	2	3	4	5	6
–	5	9	12	15	13	14

② 最小要素の取り出し

根のデータを取り出し，末尾のデータは根の位置に移す．取り出したデータは，末尾に移す（先頭と末尾のデータを交換する）．

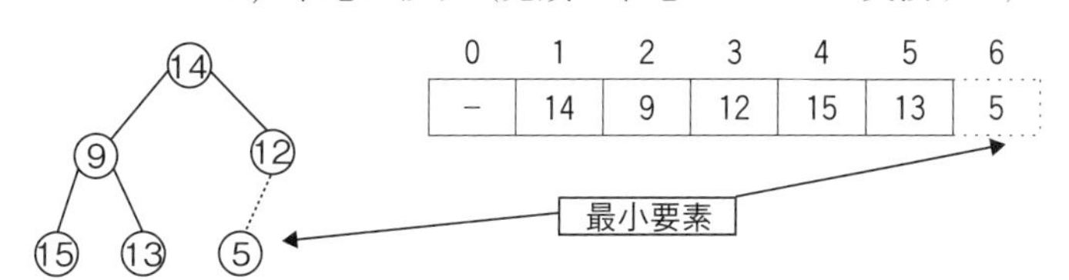

ヒープ化

③ 根のデータと小さいほうの子を比較し，根が子よりも大きければ交換する．

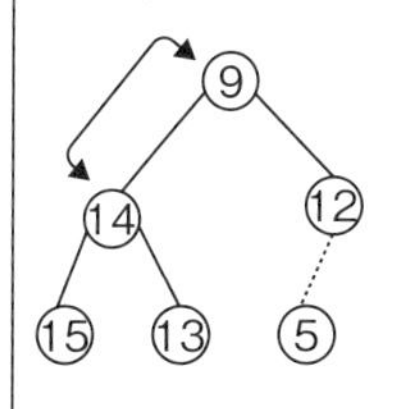

0	1	2	3	4	5	6
–	9	14				5

④ 子のほうが大きくなるか，葉に達するまで③を繰り返す．

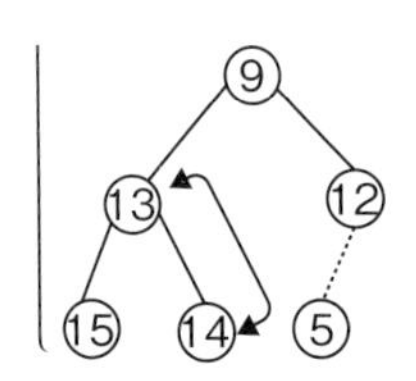

0	1	2	3	4	5	6
−		13			14	5

⑤　②（最小要素の取出し）へ戻る．

②

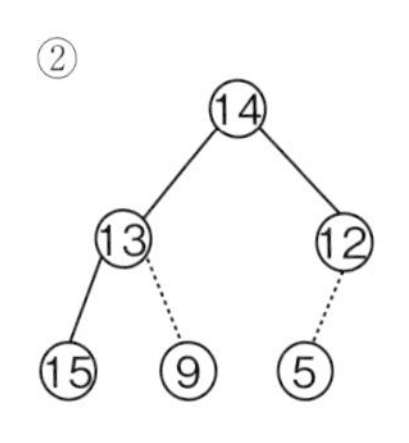

0	1	2	3	4	5	6
−	14				9	5

③

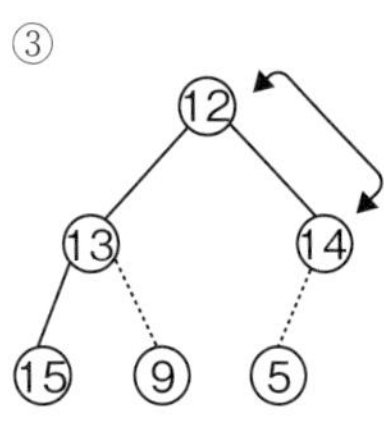

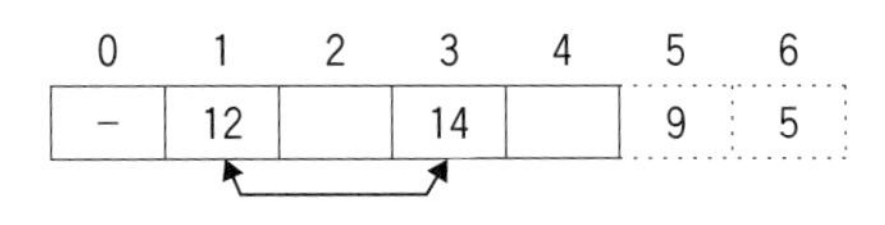

0	1	2	3	4	5	6
−	12		14		9	5

②

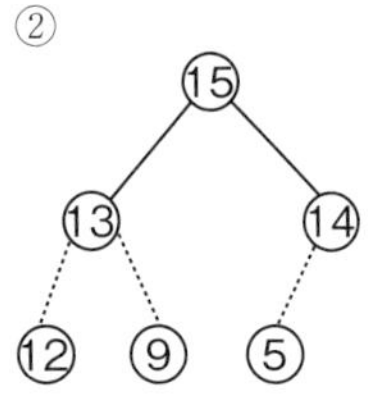

0	1	2	3	4	5	6
−	15			12	9	5

③

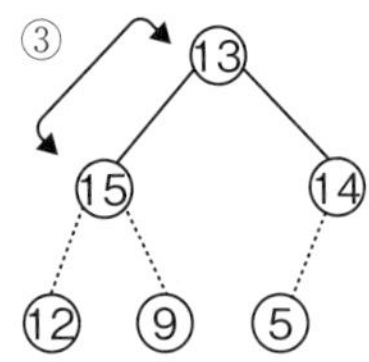

0	1	2	3	4	5	6
−	13	15		12	9	5

②

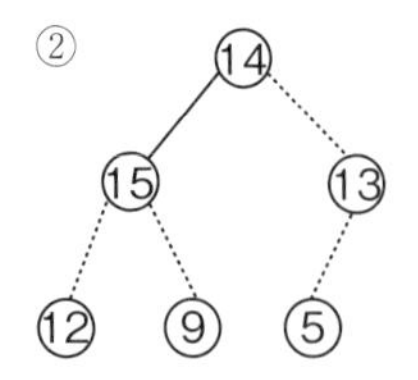

0	1	2	3	4	5	6
−	14		13	12	9	5

子のほうが値よりも大きくなったので，③は行わずに②へ戻る．

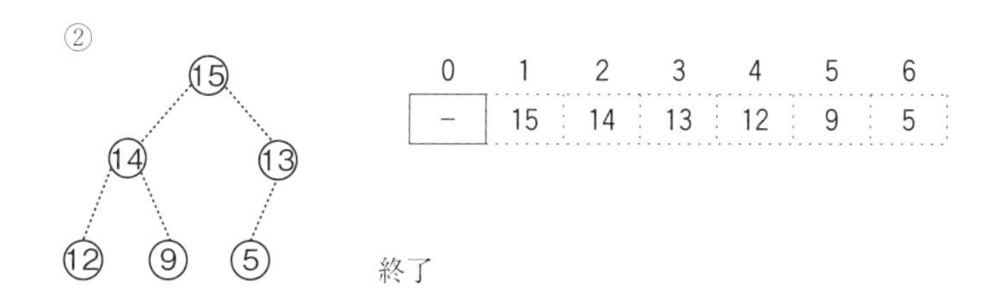

問題4.5　半順序木で表現されたデータを，ヒープを使って降順に整列したい．ヒープソートの過程を1ステップずつ配列で表せ．

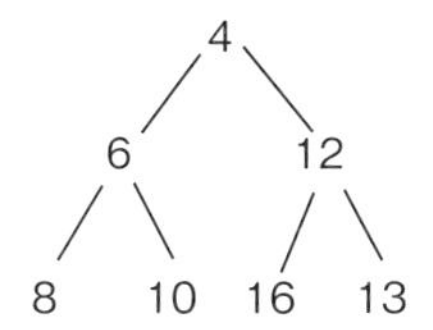

4.3.4　ヒープソートの計算量

ヒープソートは，最小の要素を取り出したあと木の構造を半順序木に整えるヒープ化と，その操作を最後まで繰り返すプロセスの二つに分けられます．したがって，ヒープソートの計算量を見積もるには，これらのそれぞれの計算量を求めるところから考えます．

まず，ヒープ化の計算量を考えてみましょう．ヒープソートで利用する半順序木は完全2分木なので，木の高さ h と収容できる節の数 n の関係は

$$h=\log_2(n+1)-1$$

になります．図4.16に示すように，ヒープ化するときには，まず根のデータを

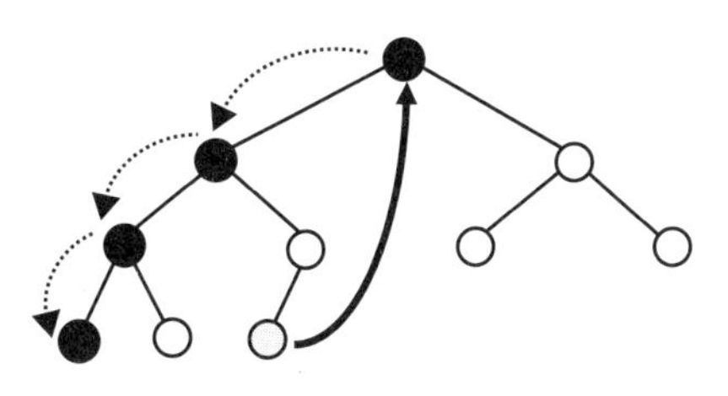

図4.16　ヒープ化

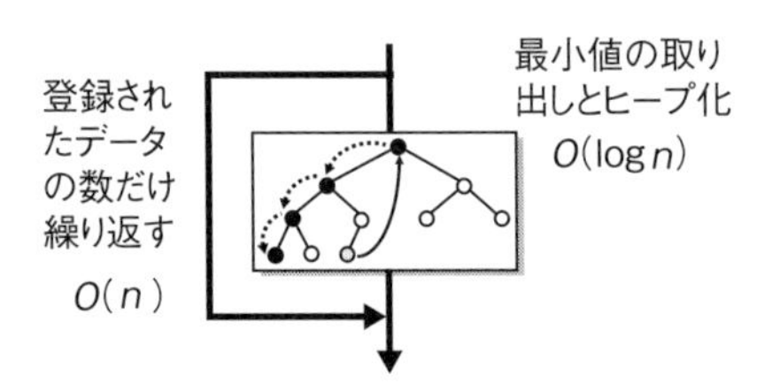

図4.17　ヒープソートの計算量

すぐ下のレベルで左右のデータと比較しますが，そのあとの比較対象は左右どちらかの部分木に絞られます．このようにして，一番下のレベルまで比較を続けていくので，比較対象の節の数は $\log_2 n$ の程度になります．これは，オーダーでいうと $O(\log n)$となります．

次に，このような操作を繰り返すわけですが，最悪の場合，登録されたデータの数だけこの操作を繰り返すことになります．したがって，繰り返しのオーダーは $O(n)$です．この関係をまとめると，図4.17のようになります．結局ヒープソートの計算量は，$O(\log n)$と $O(n)$の積となり，1.1.3項で説明したような計算から次のように求められます．

$$O(n)\cdot O(\log n)=O(n \log n)$$

すなわち，ヒープソートの計算量をオーダーで表すと $O(n \log n)$です．

4.4　クイックソート

4.4.1　クイックソート

クイックソート（quick sort）は内部整列で最も速い整列法です．平均的な計算量は $O(n \log n)$になります．この整列法の基本は，**分割統治法**(divide and conquer）です．計算量が $O(n \log n)$の整列アルゴリズムはほかにもありますが，クイックソートがその中でもとくに高速なのは，分割のアルゴリズムが高速であることに起因します．すなわち，多くの整列アルゴリズムでは配列要素同士の大小を比較しますが，クイックソートでは**枢軸値**（pivot）に対して比較を行うだけなので処理が高速になります．なお，クイックソートでは分割したデータ列を再度分割するという再帰処理が使われます．

4.4.2 クイックソートのアルゴリズム

クイックソートのアルゴリズムはC. A. R. Hoareが1962年に発表した後，多くの改良が加えられて今日に至っています．そのなかで，R. Sedgewickが1975年にまとめたプログラムが最も標準的といわれています．R. Sedgewickのアルゴリズムは，枢軸値（pivot）を配列の右端（または左端）の値として分割処理を行うものです．しかし，数多く出版されているテキストには，枢軸値として配列の中央の要素を選んで説明しているものが多数あります．クイックソートの処理を大まかにまとめると，次のようになります．

(1) データ列の任意の要素を枢軸値（pivot）に選ぶ．
(2) データ列を枢軸値よりも小さな値のデータ列と大きな値のデータ列に分ける．これを再帰的に行う．

図4.18に，ソート前の配列を $a_1 \sim a_m$ とし，その中間に位置する要素 a_k を枢軸値にとる場合のクイックソートの処理の流れを大まかに示しました．クイックソートでは，枢軸値と各要素の大きさを比較し，小さいものは要素番号の小さい要素に，大きなものは要素番号の大きな要素に入れ直します．この操作を再帰的に行います．

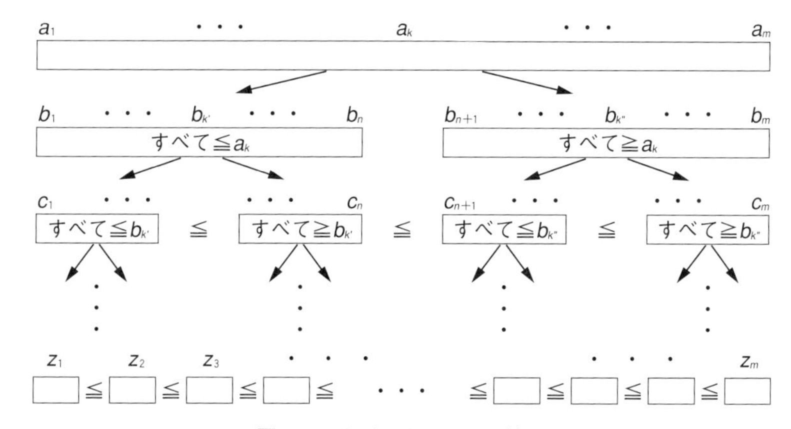

図4.18 クイックソートの流れ

この図で説明すると，まず左側から順に要素を取り出し，一方，右側からも順に要素を取り出しそれぞれを基準値 a_k と比較します．枢軸値 a_k より小さいか等しいなら左側に，大きいか等しいなら右側に位置するように入れ替えを行っていきます．その結果，配列内の要素の配置が変わります．それらを b_i で表すと，a_k より小さいか等しいグループと a_k より大きいか等しいグループに分けられます．

さらに，それぞれのグループの中間の値 b_k' と b_k'' を枢軸値として，それぞれを二つずつのグループに分けます．このような操作を繰り返すことによって，最後は整列された m 個の要素の並び $z_1 \sim z_m$ が得られます．

クイックソートのアルゴリズムは次のようにまとめることができます．図4.19に示すように，ここでは枢軸値は pivot と表し，i，j は枢軸値と比較する配列要素の要素番号を表します．

【クイックソートの手順】

① 配列の左端から i を増加させ，a[i]≧pivot となるところで i を止める．

② 配列の右端から j を減少させ，a[j]≦pivot となるところで j を止める．

③ $i \geqq j$ になったら終了する．

④ $i<j$ なら a[i]と a[j]を交換し，i を 1 増加，j を 1 減少してから①に戻る．

図4.19　変数名

図4.20にクイックソートのプログラム例を示します．また，このプログラムで下のデータ列をクイックソートする例を図4.21に示しました．

41	24	76	11	45	64	21	69	19	36

ここでは，要素番号 4 のデータ45を枢軸値（pivot）に選んでいます．要素の上にある数字は配列の要素番号です．はじめは，枢軸値が45で，$i=0$，$j=9$ になっています．まず手順①に従って，a[0]＝41と pivot＝45を比較します．41＜45ですから，i の値を 1 増やして $i=1$ とし，a[1]＝24と pivot＝45を比較し

```
import java.io.* ;

public class QSort
{
  public static void main(String arg[])
  {
     static int a[ ]={41,24,76,11,45,64,21,69,19,36} ;
     int k ;
     int N=a. length ;
     quick(a,0,N) ;
     for(k=0 ; k<N ; k++)System.out.println(""+a[k]) ;
  }
  static void quick (int x[],int top,int n){
      int i,j ;
      int temp,pivot ;
```

並べ替え処理 →

```
int end=top+n ;
  i=top ;
  j=end-1 ;
  pivot=x[(i+j)/2] ;
  while(true){
    while(x[i]<pivot) i++ ;
    while(x[j]>pivot) j-- ;
    if(i>=j) break ;
    temp=x[i] ;
    x[i]=x[j] ;
    x[j]=temp ;
    i++ ;
    j-- ;
  }
```

```
    if(i-top-1>0) quick(x,top,i-top) ;
    if(j+2<end) quick(x,j+1,end-j-1) ;
  }
}
```

図4.20　クイックソートのプログラム

0	1	2	3	4	5	6	7	8	9
41	24	76	11	45	64	21	69	19	36
i				pivot					*j*

0	1	2	3	4	5	6	7	8	9
41	24	76	11	45	64	21	69	19	36
		i							*j*

0	1	2	3	4	5	6	7	8	9
41	24	36	11	45	64	21	69	19	76
		i							*j*

0	1	2	3	4	5	6	7	8	9
41	24	36	11	45	64	21	69	19	76
			i					*j*	

while（true）に戻る

0	1	2	3	4	5	6	7	8	9
41	24	36	11	45	64	21	69	19	76
				i				*j*	

0	1	2	3	4	5	6	7	8	9
41	24	36	11	19	64	21	69	45	76
				i				*j*	

0	1	2	3	4	5	6	7	8	9
41	24	36	11	19	64	21	69	45	76
					i		*j*		

while（true）に戻る

0	1	2	3	4	5	6	7	8	9
41	24	36	11	19	64	21	69	45	76
					i		*j*		

0	1	2	3	4	5	6	7	8	9
41	24	36	11	19	64	21	69	45	76
					i	*j*			

0	1	2	3	4	5	6	7	8	9
41	24	36	11	19	21	64	69	45	76
					i	*j*			

0	1	2	3	4	5	6	7	8	9
41	24	36	11	19	21	64	69	45	76
					j	*i*			

$i \geqq j$ なので while（true）を終了．再帰に移る

0	1	2	3	4	5	6	7	8	9
41	24	36	11	19	21	64	69	45	76
x[0]	x[1]	…	…	…	x[*i*-1]	X[0]	…	…	x[*n*-*j*-2]

quick (*x*,*i*)　　quick (*x*+*j*+*q*,*n*-*j*-1)

図4.21　クイックソートの例

ます．この場合も，24＜45で枢軸値のほうが大きいので，i の値を1増やします．次は a[2]＝76と pivot＝45を比較しますが，76＞45ですから，ここで大小関係が逆転します．そこで次は手順②に進み，j が示している要素と枢軸値の比較に移ります．つまり，図4.21の配列で右端の要素 a[9]＝36と pivot＝45の比較になります．ここでは，36＜45なので手順③に進みますが，③の条件は満たしません．そこで④に進んで，a[2]＝76と a[9]＝36を交換します．この時点で，配列要素の a[2]と a[9]の値ははじめの値と異なり，a[2]＝36と a[9]＝76になります．以下，同様な手順で配列要素の入れ替えを行っていき，図4.21の最後が，図4.18の b_1，b_2，…，b_m が得られた状態になります．

問題4.6　次のデータ列をクイックソートにより昇順に整列する過程を書け．

10	25	75	5	30	35	15	90	65	80	50	45

4.4.3　クイックソートの計算量

はじめにも述べたように，クイックソートの平均的な計算量は $O(n \log n)$ になります．図4.18で説明すると，与えられたデータ列 a_i から b_i を作るときには，各配列要素と枢軸値の比較を行うだけなので，計算量は $O(n)$になります．また，図4.18のように理想的に再帰処理が進めば，その深さは $O(\log n)$ です．したがって，ソートの計算量は $O(n \log n)$となります．ただし，これはうまくいった場合のことで，枢軸値がデータ列の最大値や最小値，またはそれに近い値だと，最悪の場合には深さが $O(n)$になることがあり，その場合には計算量は $O(n^2)$になります．それを避けるにはデータ列の平均値を計算して枢軸値にするのがいいようですが，そうすると平均値を計算するのに $O(n)$だけの手間がかかります．そこで，たとえばデータ列の最初の値 a_1，中央の値 $a_{m/2}$，最後の値 a_m を比べて中間の値を選ぶなどの方法を考えることができます．つまり，$a_1 < a_m < a_{m/2}$なら，a_m を枢軸値に選ぶわけです．この程度なら，全体の計算量に大きな影響を与えずに，ほぼ平均値に近い枢軸値を設定することができます．

【参考】

クイックソートの実際の処理の流れ

図4.18や図4.21に示した例では，枢軸値よりも小さい側のデータ列と大きい側のデータ列のソートが同時に進行するように見えるかもしれません．しかし，ここで説明したアルゴリズムの場合，時間を追って処理の流れを見ると，まず枢軸値よりも小さい側のデータ列のソートが先に再帰的に行われ，次に枢軸値よりも大きい側のデータ列のソートが行われます．この様子を図4.18のように一般的に描くと，下の図のようになります．

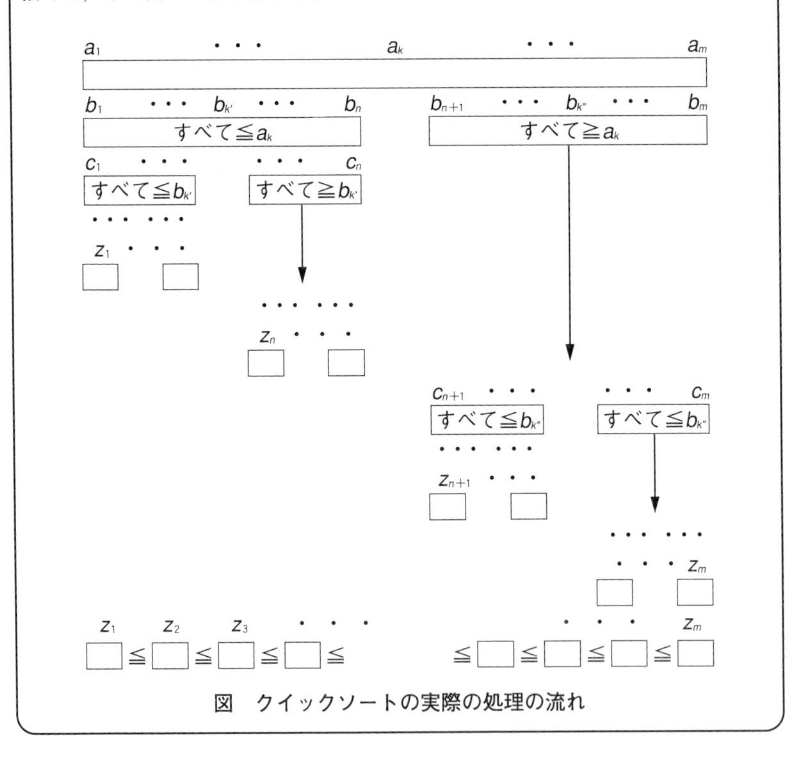

図　クイックソートの実際の処理の流れ

4.5 マージソート

4.5.1 マージソート

マージソート（merge sort）はクイックソートと同様に分割統治的な整列法です．計算量は$O(n \log n)$で，クイックソートがデータの並びによっては計算量が$O(n^2)$になるのに対し，マージソートの計算量は常に$O(n \log n)$です．処理の速い整列法ですが，そのかわりにデータを格納する記憶領域のほかに，作業領域として要素数nに比例した記憶領域を必要とします．また，多量のデータがあるために主記憶装置にデータが入りきらない場合には，外部記憶装置にデータを格納してマージソートで整列を行います．

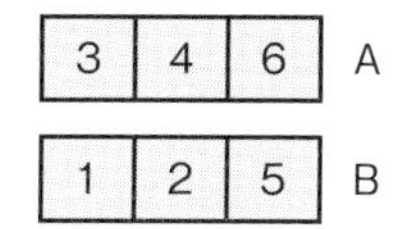

図4.22 二つの整列された数字列

では，マージソートについて詳しく見ていきましょう．図4.22のような二つの数字列A，Bがあるとします．これらの数字列は前もって整列されているとしましょう．そして，この二つの数字列から整列された一つの数字列を作る方法を考えます．手順は図4.23に示します．

まず，整列された数字列を格納する配列Cを用意します．マージソートではデータを格納する領域A，Bのほかにデータの要素数nに比例した作業領域が必要であると上に書きましたが，それは図4.23に示した作業用配列Cのような記憶領域が必要になるという意味です．

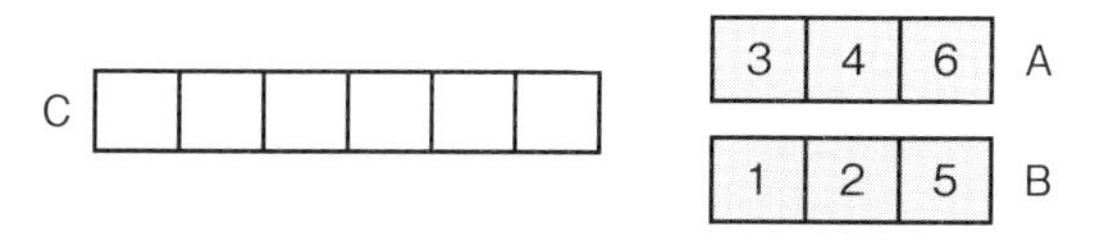

図4.23(a) 作業用配列Cが必要になる

さて，ここでは昇順整列されたA，Bの数字列を一つの昇順整列された数字列としてCに格納します．まず，A，Bの先頭の数字3と1を比較して小さいほうの数字1を配列Cに格納します（図4.23(b)）．そうすると数字列Bの先頭は2になります．

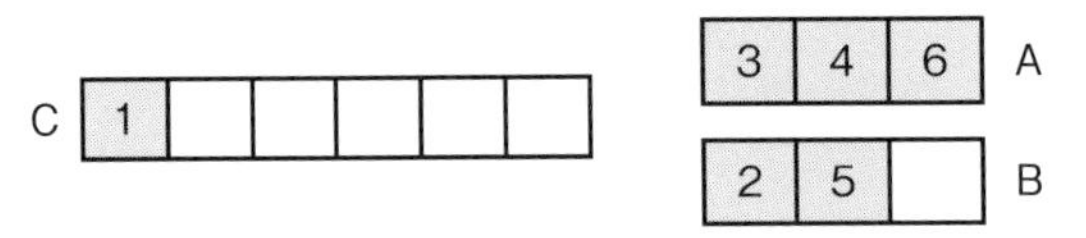

図4.23(b)　小さいほうの数字を配列Cに格納する

次に，同様にA，Bの先頭の数字3と2を比較して小さいほうの数字2を配列Cに格納します（図4.23(c)）．そうすると数字列Bの先頭は5になります．

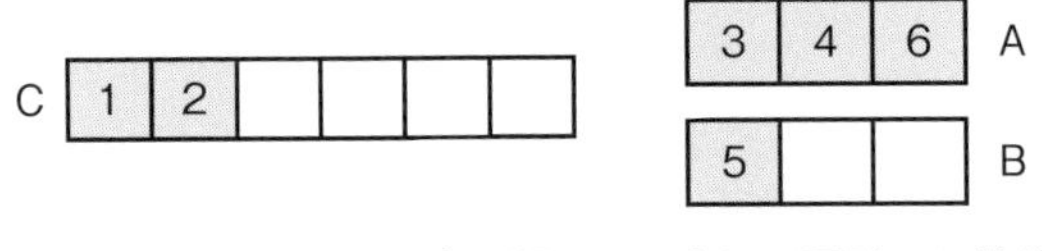

図4.23(c)　小さいほうの数字を順に取り出して配列Cに格納する

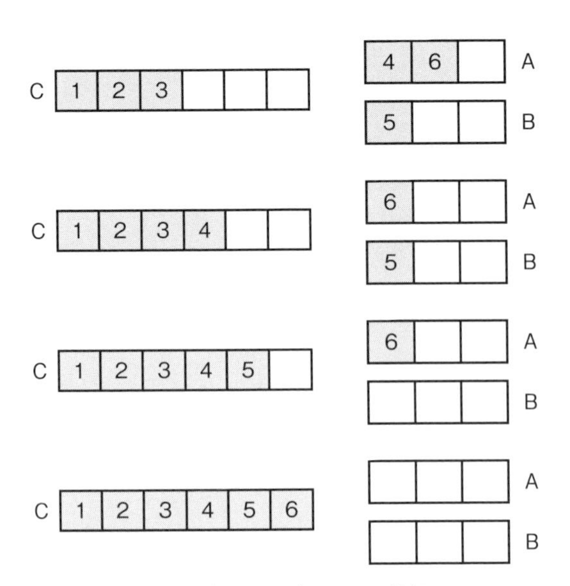

図4.23(d)　マージソートの仕組み

以下同様に，AとBの先頭の数字を比較して小さいほうを配列Cに格納していきます．その様子を図4.23(d)に示しました．このようにして，二つの整列された数字列を一つの整列された数字列にします．

問題4.7　子供が背の小さい順に2列に並んでいる．下のA，Bはこれら2列に並んだ子供の背の高さ（cm）である．2列の子供たちをマージ操作によって背の低い順に1列に並べたい．操作の過程を列挙せよ．

A	90	95	100	102	105	115
B	93	98	103	108	110	

4.5.2　マージソートのアルゴリズム

マージソートのアルゴリズムをまとめると次のようになります．

①　数字列を真ん中で二つの部分列に分割する．
②　二つの部分列をそれぞれ整列する．この処理を再帰的に行う．
③　整列済みの部分列をマージする．

マージソートでは，このように再帰処理が使われます．この手順でマージソートした具体的な例を図4.24に示しました．この図には，上の手順の番号を記入しています．

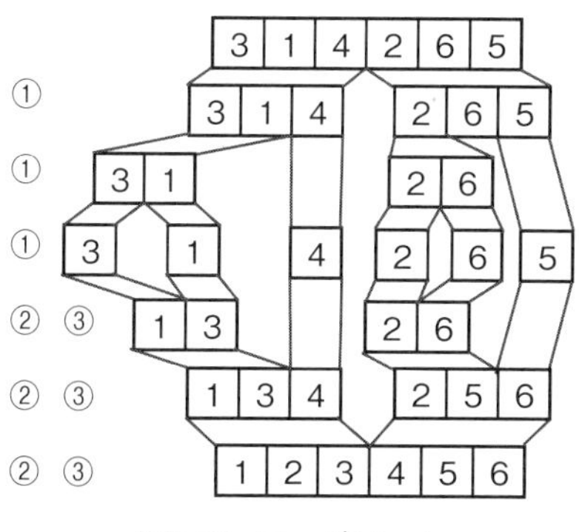

図4.24　マージソート

問題4.8　図4.24を参考にして，次のデータ列をマージソートで昇順に整列せよ．

78	24	67	90	31	46	12	8	34	82	56	14

問題4.9　問題4.6のデータ列を下のプログラムを使って整列するとき，以下の問いに答えよ．

(1)　(9)の文が終わったときの配列bの要素を書け．

(2)　(10)，(11)の文が終わったときの配列aの要素を書け．

(3)　(12)の文はどんな処理を行うか説明せよ．

```
(1)   void merge_sort(int a[],int n){
(2)     int[] b= new int[n/2+1] ;
(3)     int i,j,k,m ;
(4)     if (n<=1) return ;
(5)     m=n/2 ;
        // 配列aの後半部を配列bに代入
(6)     for(i=m ; i<n ; i++) b[i-m]=a[i] ;
(7)     merge_sort(a,m) ;
        // 配列aの前半部を配列aの後半部に代入
(8)     for(i=n-1 ; i>n-m-1 ; i--) a[i]=a[i-n+m] ;
(9)     merge_sort(b,n-m) ;
(10)    i=0 ; j=n-m ; k=0 ;
(11)    while(i<n-m && j<n)
          if(b[i]<= a[j]) a[k++]=b[i++] ;
          else a[k++]=a[j++] ;
(12)    while(i<n-m) a[k++]=b[i++] ;
(13)  }
```

4.5.3　マージソートの計算量

マージソートの計算量を考えてみましょう（図4.25）．まず，分割が終了するまでに何段階分割するかですが，1回分割するごとに分割対象のデータの個数は半分になります．したがって，1段階めの分割で各数字列の分割対象のデータの個数は$n/2=n/2^1$，2段階めでは$n/4=n/2^2$，3段階めでは$n/8=n/2^3$とな

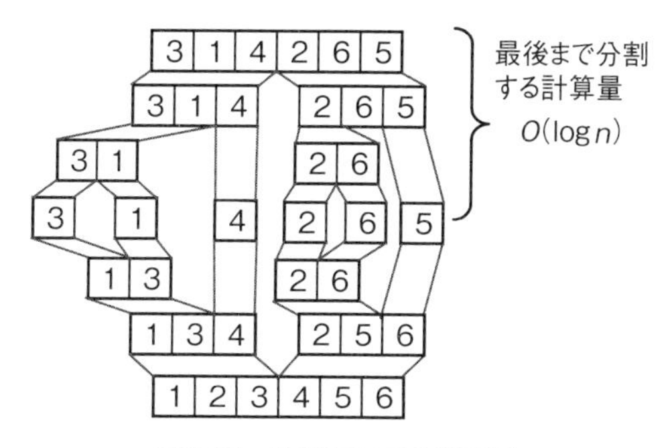

図4.25　分割過程での計算量

り，k 段階めの分割で分割が終了したとすると，この段階ではどの数字列もデータの個数が1になっているので，$1=n/2^k$ が成り立ちます．この関係から次のような計算をすると，分割が終了するまで何段階分割が必要になるかがわかります．

$$1=\frac{n}{2^k}$$

$$2^k=n$$

この式の両辺の対数をとって計算すると，次のようになります．

$$\log_2 2^k=\log_2 n$$

$$k\log_2 2=\log_2 n$$

$$k=\log_2 n$$

したがって，分割が終了するまでに各分割の段階を繰り返す手間のオーダーは $O(\log n)$になります．

次に，マージ過程の計算量を考えましょう（図4.26）．考え方は分割過程と同様で，何段階必要か，その回数と各段階でのマージ回数に分けて考えます．結果は，図4.26にまとめました．マージするときには，二つの数字列の先頭の要素について，大小を比較しながら一つの数字列に統合していきます．したがって，数字列が n 個の数字からできているときには，どの段階でも n 回の比較操作が必要になります．したがって，各段階での計算量は $O(n)$になります．

次に，マージが終了するまでに必要な段階数ですが，分割過程の逆をたどることになるので，$O(\log n)$になります．したがって，マージ過程全体の計算量はオーダーの積から，$O(n \log n)$となることがわかります．

分割過程とマージ過程の計算量が以上のようになるので，マージソート全体の計算量は，この二つの過程の計算量の和から$O(n \log n)$であることがわかります．

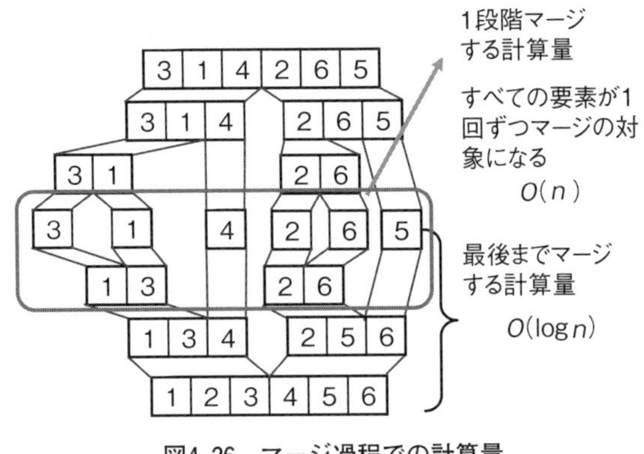

図4.26　マージ過程での計算量

4.6　図式化による整列法の比較

あるデータ列に対して整列を行うとき，これまで説明してきた各種整列法はそれぞれどのような順にデータ列を並べ替えるのでしょうか．図4.27（a）～（g）は，配列要素番号を横軸にとり，データの大きさを縦軸にとって，昇順整列の様子を図式化して表したものです．どの整列法についても，10個のデータからなる同じデータ列を用いて整列を行いました．

バブルソート（a），選択ソート（b）および挿入ソート（c）は，いずれも基本的には配列要素番号の小さいほう，すなわち前方から順に整列していきます．特に，バブルソートと選択ソートでは，最も小さいデータから順に整列していきますが，大きいデータも徐々に配列要素番号の大きいほう，すなわち後方に集まっていく様子がわかります．また，選択ソートではソートの過程で前方にある小さいデータが一時的に後方に集まる場合もありますが，バブルソートでは整列の過程でそのような大きな順序の入れ替えは起こらず，大きいデータが順に後方に集まっていきます．一方，挿入ソートでは，前方のデータから一つずつ整列していくので，後方のデータは配置が変化しません．また，バブルソートや選択ソートと違い，最小のデータが必ずしも最初に先頭に出るわけではありません．このようなアルゴリズムの違いによる整列順の違いがこれらの図からよくわかります．

シェルソート（d）は挿入ソートの改良ですが，まず全体が大まかに整列される様子がわかります．図⑧からが通常の挿入ソートになります．図①～図⑦までのソートでデータ全体が大まかに整列され，その後，前方から順に整列されていく様子が明瞭に表されています．

ヒープソート（e）は，本文で定義した半順序木とはデータの大小の定義を逆にした場合について示しています．それは，ここに示した他のソートと同様に昇順整列するためです．図②は，図①に示した与えられたデータ列をヒープ化した結果です．実際のヒープソートは図③以降に示されています．この場合のヒープソートでは，根にある最大のデータを配列末尾に移動し，その都度，半順序木に整えるので，整列が終わっていないデータは降順整列に近い状態になります．図を見るとその様子が手に取るようにわかります．

クイックソート（f）では，まず枢軸値（pivot）よりも小さなデータが前方に集められて昇順整列されます．一方，枢軸値よりも大きなデータはとりあえず後方に集められます．図②にその様子が表されています．また，後方のデータは，前方のデータが整列された後に整列されますが，図⑥以降の図からその様子がわかります．

マージソート（g）では，整列された小さな数字列グループが作られ，最終的に二つの整列された数字列をマージすると整列が終了します．ここでは，マージの過程が図式化されています．まず，真ん中から前方のデータがマージされ，次いで後方のデータがマージされます．図⑧は，真ん中から前方，後方それぞれのデータ列がマージされた状態を表しています．最終的に，これら二つのデータ列がマージされ整列が終了します．この様子が図から明瞭に読み取れます．

整列の過程をこのように図式化することで，それぞれの整列法のアルゴリズムの違いを視覚的に理解することができます．

・バブルソート

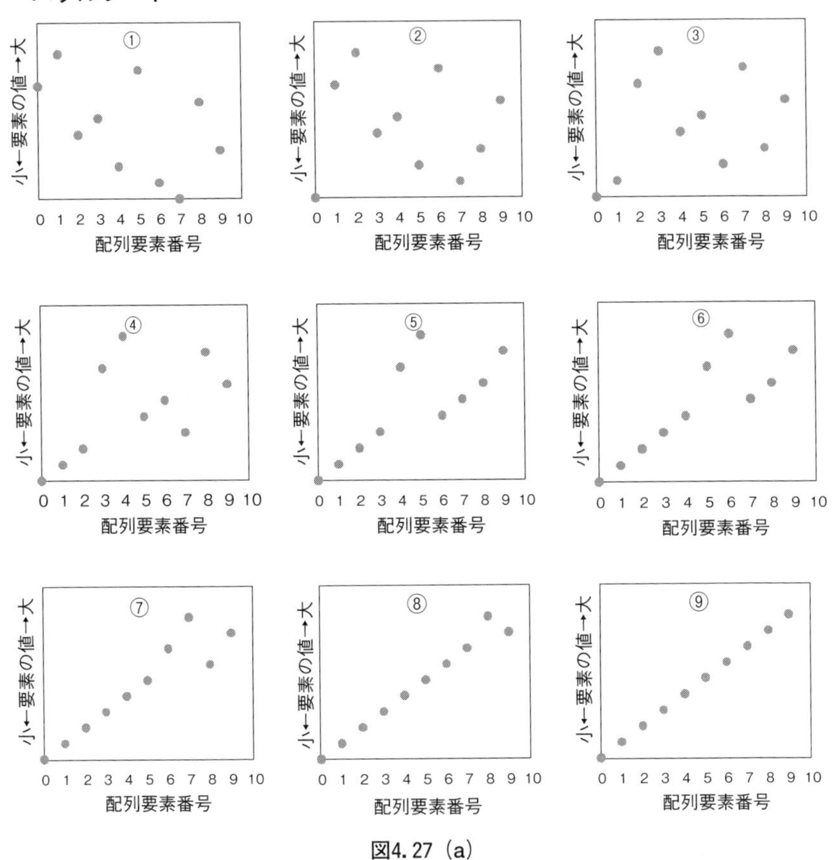

図4.27（a）

・選択ソート

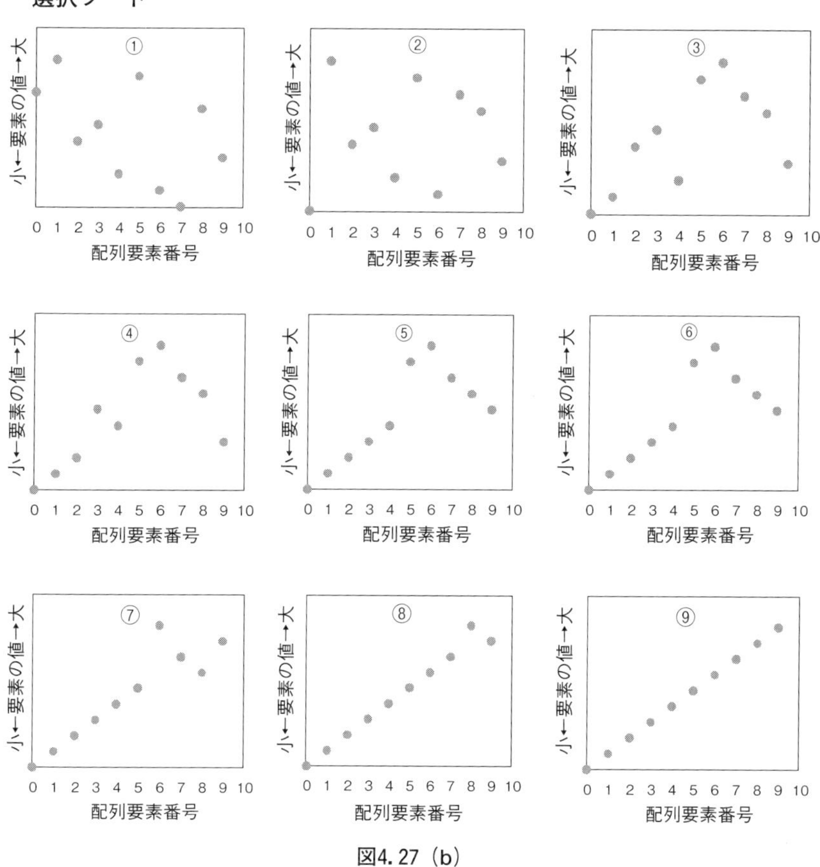

図4.27（b）

・挿入ソート

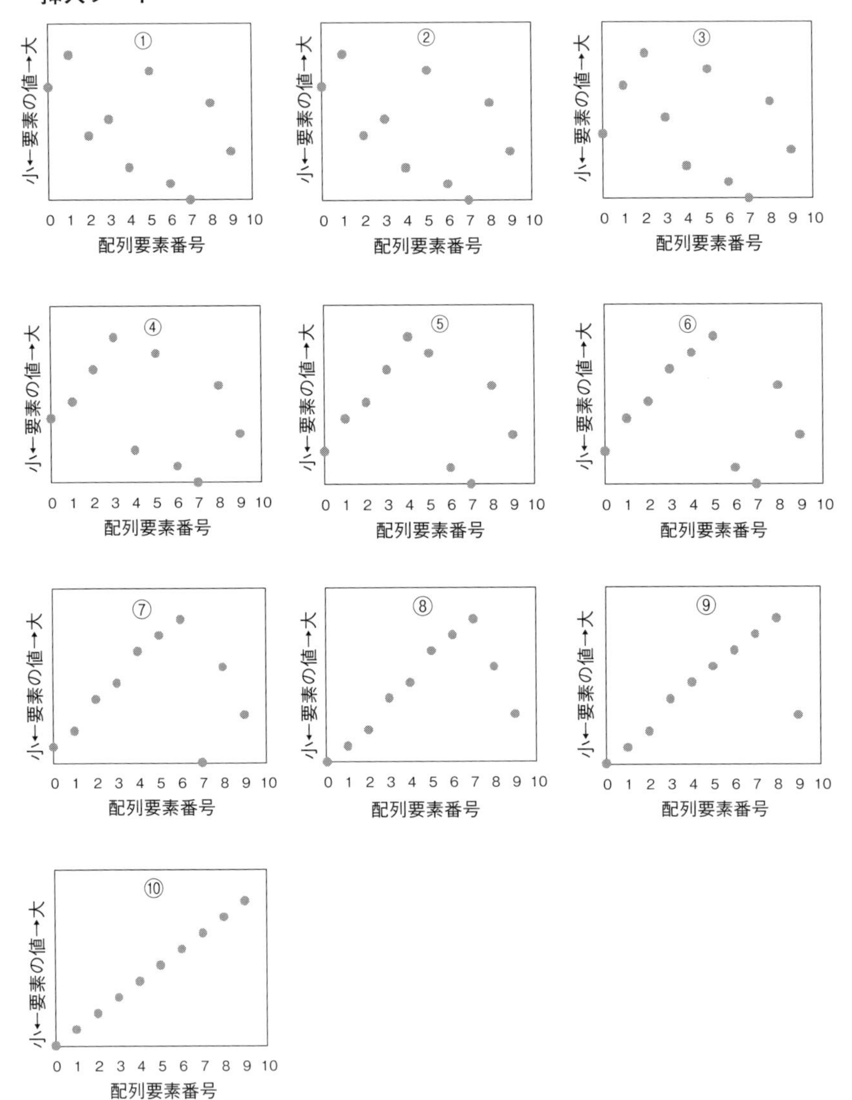

図4.27（c）

・シェルソート

①
小←要素の値→大
0 1 2 3 4 5 6 7 8 9 10
配列要素番号

②
小←要素の値→大
0 1 2 3 4 5 6 7 8 9 10
配列要素番号

③
小←要素の値→大
0 1 2 3 4 5 6 7 8 9 10
配列要素番号

④
小←要素の値→大
0 1 2 3 4 5 6 7 8 9 10
配列要素番号

⑤
小←要素の値→大
0 1 2 3 4 5 6 7 8 9 10
配列要素番号

⑥
小←要素の値→大
0 1 2 3 4 5 6 7 8 9 10
配列要素番号

⑦
小←要素の値→大
0 1 2 3 4 5 6 7 8 9 10
配列要素番号

⑧
小←要素の値→大
0 1 2 3 4 5 6 7 8 9 10
配列要素番号

⑨
小←要素の値→大
0 1 2 3 4 5 6 7 8 9 10
配列要素番号

⑩
小←要素の値→大
0 1 2 3 4 5 6 7 8 9 10
配列要素番号

⑪
小←要素の値→大
0 1 2 3 4 5 6 7 8 9 10
配列要素番号

⑫
小←要素の値→大
0 1 2 3 4 5 6 7 8 9 10
配列要素番号

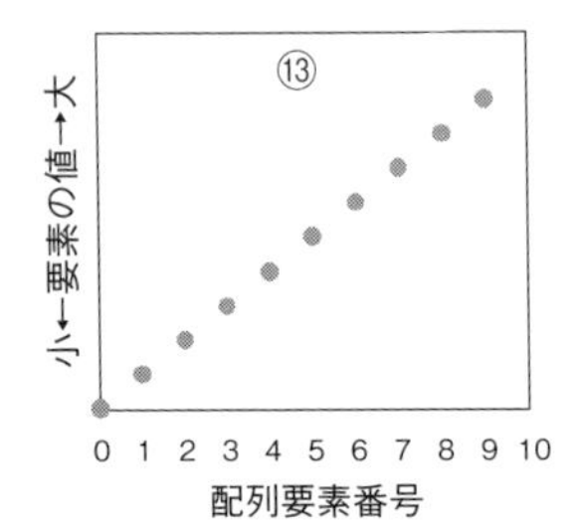

図4.27（d）

・ヒープソート

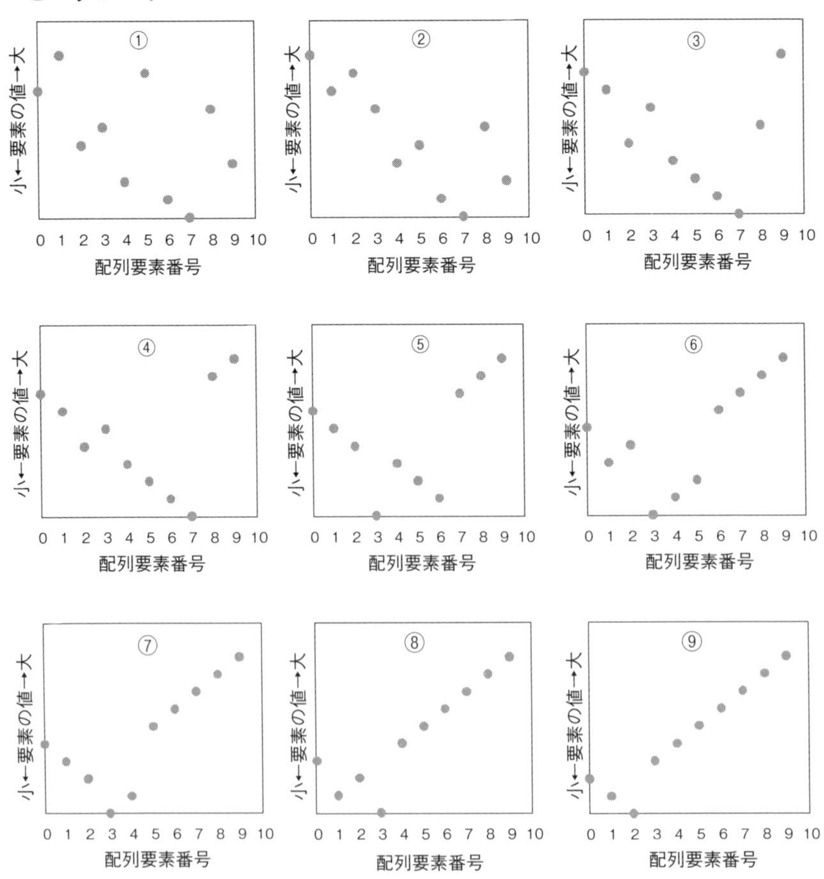

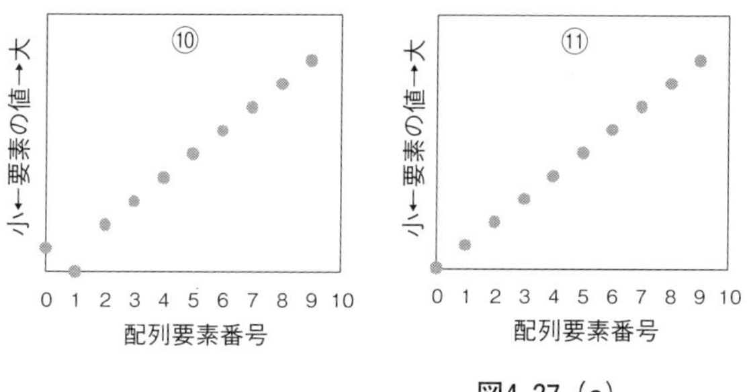

図4.27 (e)

・クイックソート

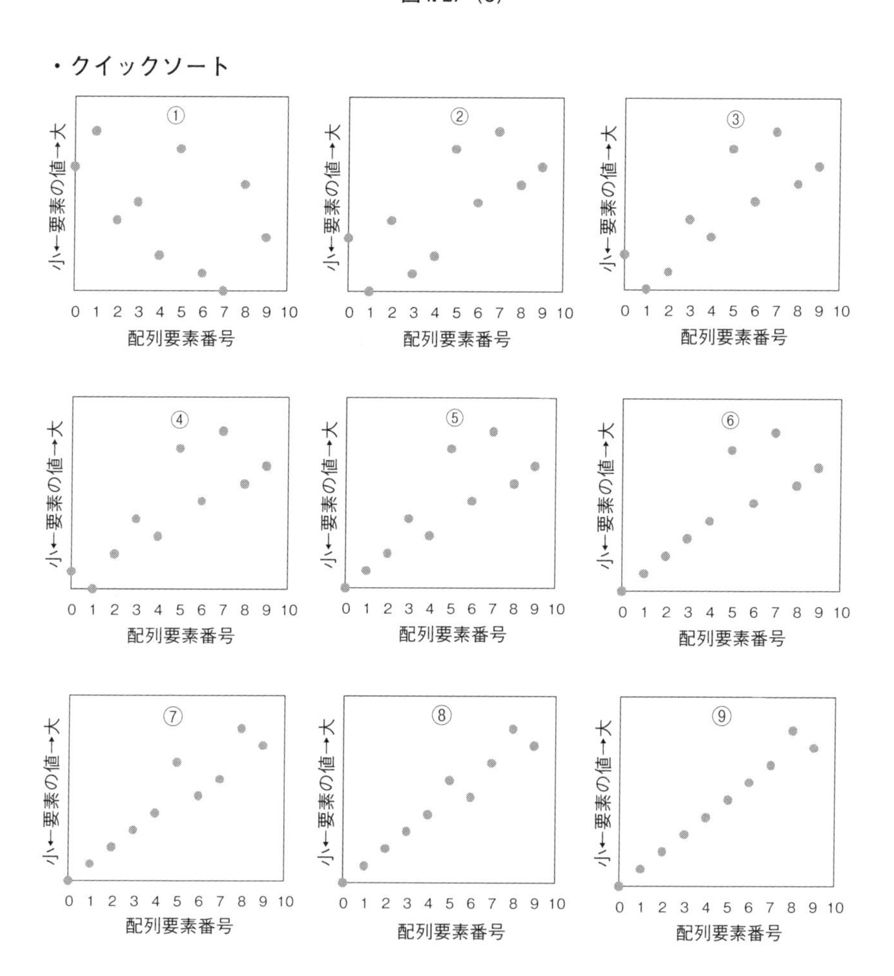

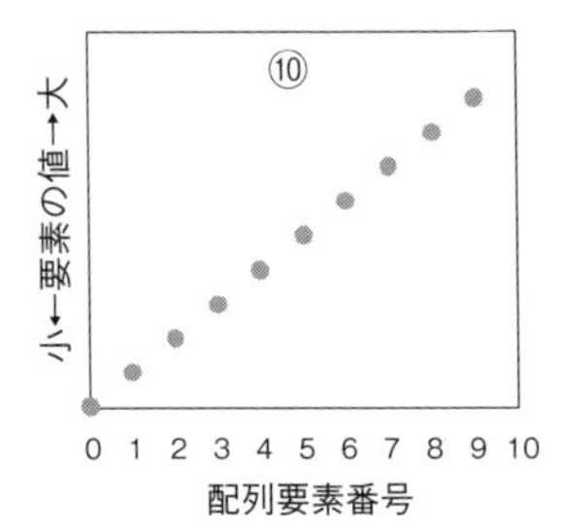

図4.27（f）

・マージソート

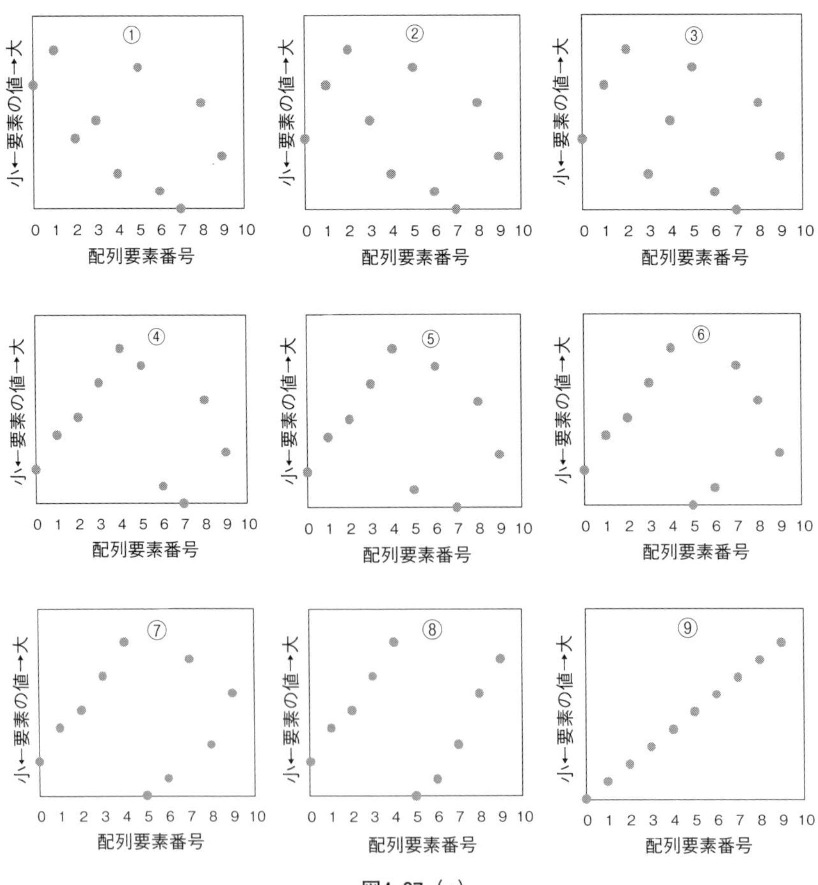

図4.27（g）

付録　フローチャート（流れ図）記号

フローチャート（流れ図）には，日本工業規格（JIS）で定められた記号（JIS X 0121-1986）があります．これらの記号は，JISの制定を行っている日本産業標準調査会（JISC）のホームページ（https: //www.jisc.go.jp）の「JIS検索」に，「X 0121」を入力して調べることができます．ここでは，JIS X 0121-1986で定められた記号のいくつかを示します．

基本データ記号	名称	説明
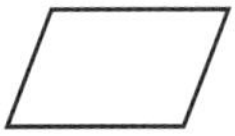	データ (data)	媒体を指定しないデータ．
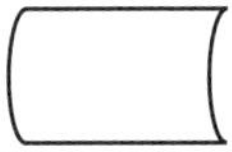	記憶データ (stored data)	処理に適した形で記憶されているデータ．媒体は指定しない．
個別データ記号	名称	説明
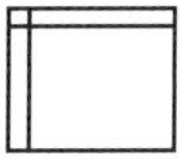	内部記憶 (internal storage)	演算など，任意の種類の処理機能．
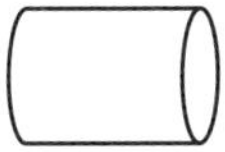	直接アクセス記憶 (direct access storage)	直接アクセス可能なデータ．磁気ディスクなど．
	書類 (document)	人間が読める媒体上のデータ．例えば，印字出力，光学的文字読み取り装置，マイクロフィルムなど．
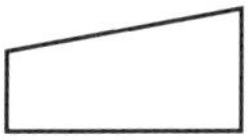	手操作入力 (manual input)	手で操作して入力する媒体上のデータ．スイッチ，ライトペン，バーコードなど．
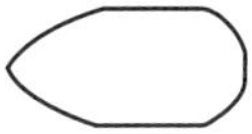	表示 (display)	情報を表示するあらゆる種類の媒体上のデータ．表示装置の画面など．

基本処理記号	名称	説明
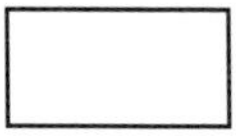	処理 (process)	演算など，任意の種類の処理機能.
個別処理記号	**名称**	**説明**
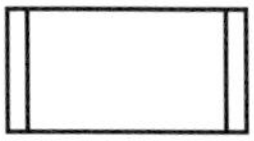	定義済み処理 (predefined process)	サブルーチンやモジュールなど，別の場所で定義された処理.
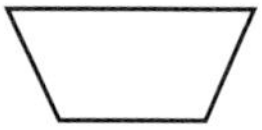	手作業 (manual operation)	人手による処理.
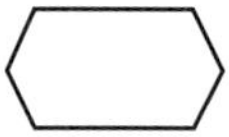	準備 (preparation)	スイッチの設定，指定レジスタの変更など，その後の動作に影響を与えるための命令の修飾.
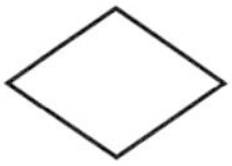	判断 (decision)	一つの入り口と幾つかの択一的な出口を持ち，記号中に定義された条件の評価に従って，唯一の出口を選ぶ判断機能．評価結果は経路を表す線に近接して書く.
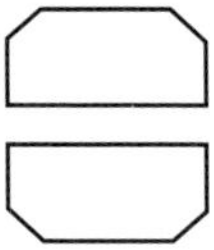	ループ端 (loop limit)	ループの始まりと終わりを表す．二つの記号は，同じ名前を持つ．始まりと終わりの記号中に，初期化，増分，終了条件を書く.
基本線記号	**名称**	**説明**
	線 (line)	データまたは制御の流れを表す．流れの向きを明示する必要があるときは，矢印をつけなければならない．また，見やすさを強調するときは，矢印をつけてもよい.
特殊記号	**名称**	**説明**
	結合子 (connector)	同じ流れ図中の他の部分への出口または他の部分からの入り口を表す．線を中断して他の場所へ続ける場合にも用いる．対応する結合子は，同一の名前

		を含まなければならない.
(terminator symbol)	端子 (terminator)	外部環境への出口または入り口を表す.プログラムの開始または終了などを表す.

以下に，線形探索のアルゴリズムをフローチャート（流れ図）で表現した例を示します．ここでは，データが配列a[i]に格納されているとします．配列要素の数はnです．また，探索の対象となる目的のデータは，変数xに格納されているとします．目的のデータが見つかった場合には，a[i]の要素番号iを出力します．また，見つからなかった場合には，「見つからなかった」と出力します．

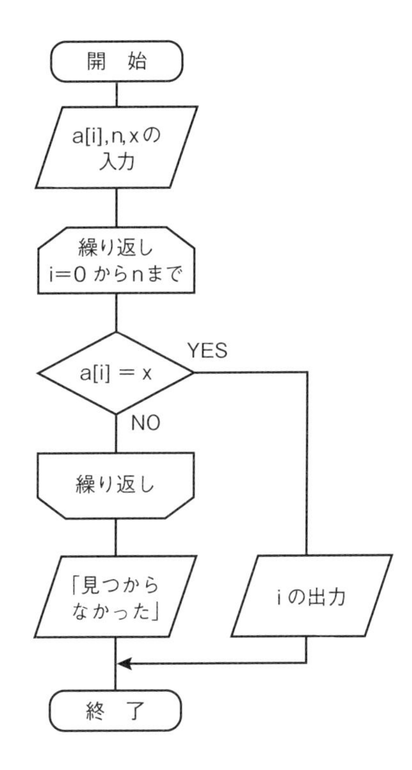

参考図書

いくつか参考図書を挙げておきます．進んだ学習をしたい方は参考にしてください．

〔1〕 R. Sedgewick, *Algorithms in C*, Addison-Wesley, 1990（野下浩平・星守・佐藤　創・田口　東 共訳，『アルゴリズムC　第1巻〜第3巻』，近代科学社，1996）．
〔2〕 茨木俊秀，『Cによるアルゴリズムとデータ構造』，昭晃堂，1999.
〔3〕 河西朝雄，『C言語によるはじめてのアルゴリズム入門』，技術評論社，1992.
〔4〕 千葉則茂 他，『Cアルゴリズム全科』，近代科学社，1995.
〔5〕 赤間世紀，『Javaによるアルゴリズム入門』，森北出版，2004.
〔6〕 近藤嘉雪，『定本　Cプログラマのためのアルゴリズムとデータ構造』，ソフトバンクパブリッシング，1998.
〔7〕 近藤嘉雪，『定本　Javaプログラマのためのアルゴリズムとデータ構造』，ソフトバンクパブリッシング，2004.
〔8〕 杉山行浩，『Cで学ぶデータ構造とアルゴリズム』，東京電機大学出版局，1995.
〔9〕 五十嵐善英 他，『アルゴリズムの基礎』，コロナ社，1997.
〔10〕 浅野孝夫 他，『計算とアルゴリズム』，オーム社，2000.
〔11〕 大堀　淳 他，『コンピュータサイエンス入門——アルゴリズムとプログラミング言語』，岩波書店，1999.
〔12〕 石畑　清，『アルゴリズムとデータ構造』，岩波講座ソフトウェア科学3，岩波書店，1989.
〔13〕 R. Lafore, *Data Structures & Algorithms in Java*, Wait Group Press, 1998（岩谷　宏 訳，『Javaで学ぶアルゴリズムとデータ構造』，ソフトバ

ンクパブリッシング，1999)．
〔14〕林 雄二，『はじめて学ぶプログラム設計』，森北出版，2007.
〔15〕中村幸四郎 他，『ユークリッド原論』，共立出版，1989.
〔16〕長尾 真 他編，『情報科学辞典』，岩波書店，1990.
〔17〕N. Wirth, *Algorithms + Data Structures = Programs*, Prentice-Hall, Inc., 1976（片山卓也 訳，『アルゴリズム＋データ構造＝プログラム』，日本コンピュータ協会，1979)．
〔18〕紺田広明 他，初年次の学修成果に影響する入学時の学生特徴の探索を例として，関西大学高等教育研究，Vol.8, pp. 69–78，2017；高松邦彦，教学IR における機械学習の意義と可能性，神戸常盤大学紀要，Vol.14, pp. 22–29，2021．他多数，

問題解答

第1章　データ構造とアルゴリズムの基本

問題1.1　(1) $O(n)$　(2) $O(n)$　(3) $O(n^2)$

問題1.2　(1) $O(n)$　(2) $O(n^3)$　(3) $O(n^2)$　(4) $O(n)$　(5) $O(n \log n)$

問題1.3　(1) $O(n)+O(\log n)=O(n)$　(2) $O(n)O(\log n)=O(n \log n)$

問題1.4

行番号	3	4	5	6	7	8
実行回数	$n+1$	n	$n+1$	$n(n+1)$	n^2	$n^2/2$
オーダー	$O(n)$	$O(n)$	$O(n)$	$O(n^2)$	$O(n^2)$	$O(n^2)$

第2章　データ構造

問題2.1

(1)　内容は底から3，1，top の要素番号は1.

(2)　内容は底から2，top の要素番号は0.

(3)　内容は底から4，5，top の要素番号は1.

問題2.2　(省略)

問題2.3

(1)　2 3×4＋

2↓	3↓	×↓	4↓	＋↓	
		3		4	
	2	2	6	6	10

(2)　2 3×4+5×

2↓ 3↓ ×↓ 4↓ +↓ 5↓ ×↓

		3		4		5	
	2	2	6	6	10	10	50

(3)　7 3+2×1+4×

7↓ 3↓ +↓ 2↓ ×↓ 1↓ +↓ 4↓ ×↓

		3		2		1		4	
	7	7	10	10	20	20	21	21	84

問題2. 4

(1)　内容は4，8，frontの要素番号は1，rearの要素番号は2

(2)　内容は7，9，frontの要素番号は2，rearの要素番号は3

(3)　内容は5，4，2，frontの要素番号は2，rearの要素番号は4

問題2. 5　完全2分木ではない．

問題2. 6

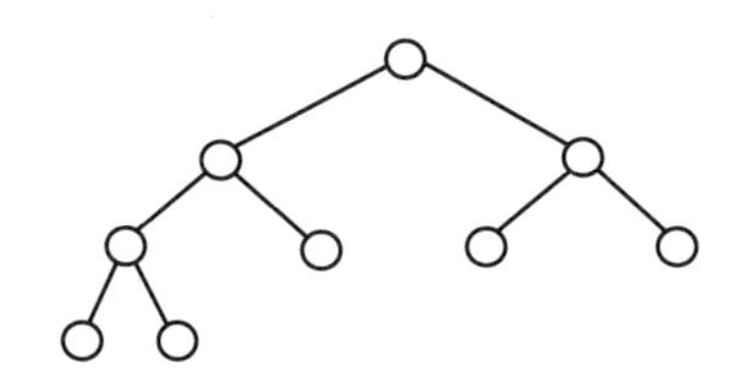

問題2. 7　$h=\log_2(15+1)-1=\log_2 16-1=4-1=3$

問題2.8

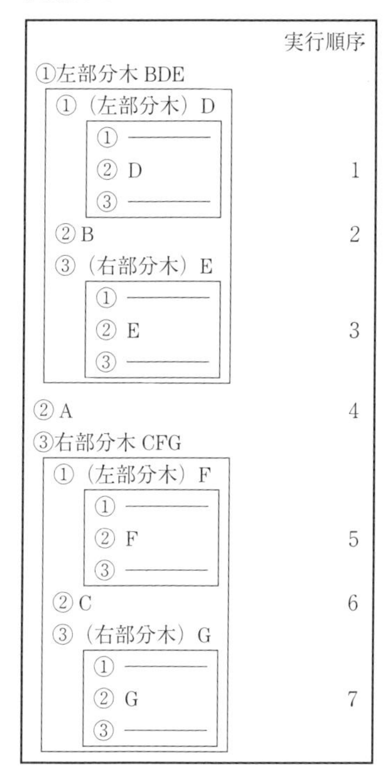

問題2.9

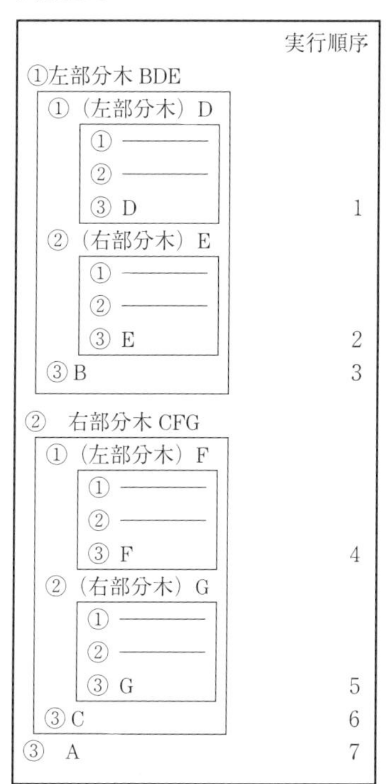

問題2.10

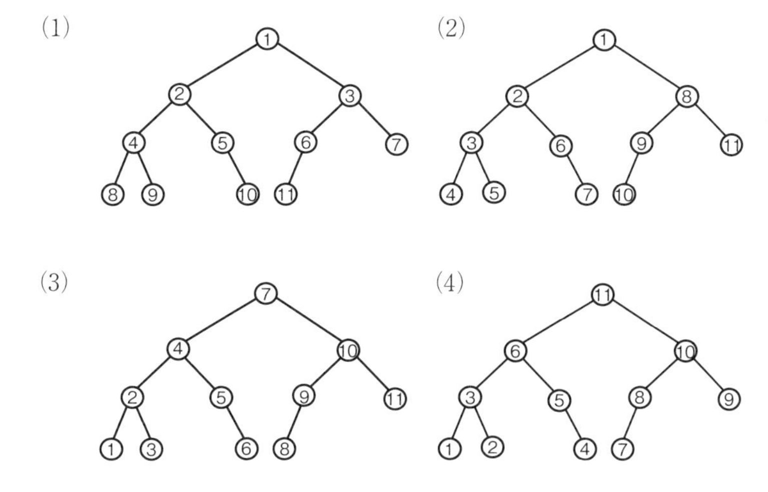

第3章　探　　索

問題3.1　3，5，7，10，13，16，18，21，22，35，40，46

問題3.2　15，10，12，11

問題3.3

(1)

0	1	2	3	4	5	6	7	8	9	10	11	12
		15			5	19						

(2) 2が登録される要素番号は3，28が登録される要素番号は4.

(3) オープンアドレス法

第4章　整　　列

問題4.1

要素番号	0	1	2	3	4	5
配列要素	2	5	3	1	4	6
①	6	2	5	3	1	4
②	6	5	2	4	3	1
③	6	5	4	2	3	1
④	6	5	4	3	2	1

問題4.2

要素番号	0	1	2	3	4	5
配列要素	2	5	3	1	4	6
①	1	5	3	2	4	6
②	1	2	3	5	4	6
③	1	2	3	4	5	6

問題4.3

要素番号	0	1	2	3	4	5
配列要素	2	5	3	1	4	6
①	2	5	3	1	4	6
②	2	3	5	1	4	6
③	1	2	3	5	4	6
④	1	2	3	4	5	6

問題4.4

28	37	2	26	7	48	23	15	
7	37	2	15	28	48	23	26	4-ソート後
2	15	7	26	23	37	28	48	2-ソート後
2	7	15	26	23	37	28	48	挿入ソート
2	7	15	23	26	37	28	48	
2	7	15	23	26	28	37	48	

問題4.5　最初の配列要素は問題の半順序木をヒープにしたものである．また，丸で囲んだデータは整列済みである．

配列要素番号	[1]	[2]	[3]	[4]	[5]	[6]	[7]
最初の配列要素	4	6	12	8	10	16	13
最小要素の取り出し	13	6	12	8	10	16	④
	6	13	12	8	10	16	④
ヒープ化	6	8	12	13	10	16	④
最小要素の取り出し	16	8	12	13	10	⑥	④
	8	16	12	13	10	⑥	④
ヒープ化	8	10	12	13	16	⑥	④
最小要素の取り出し	16	10	12	13	⑧	⑥	④
	10	16	12	13	⑧	⑥	④
ヒープ化	10	13	12	16	⑧	⑥	④
最小要素の取り出し	16	13	12	⑩	⑧	⑥	④
ヒープ化	12	13	16	⑩	⑧	⑥	④
最小要素の取り出し	16	13	⑫	⑩	⑧	⑥	④
終了	⑯	⑬	⑫	⑩	⑧	⑥	④

問題4. 6

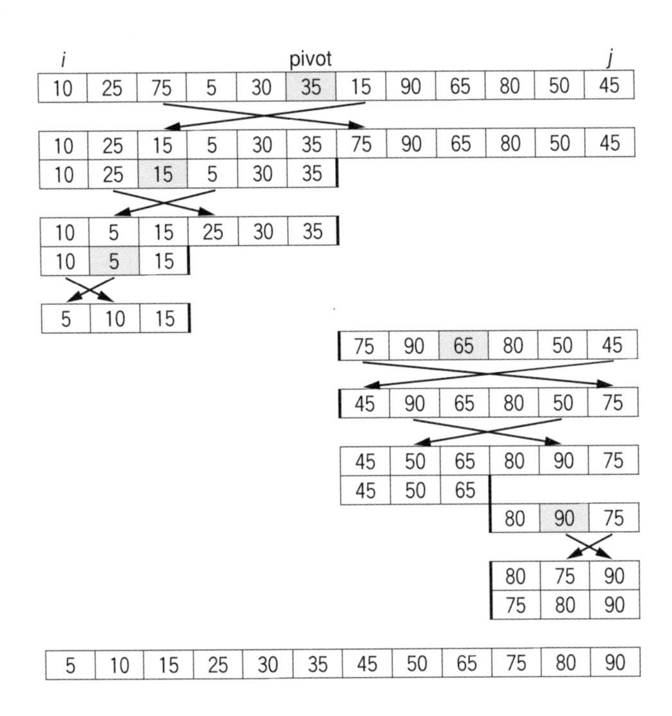

問題4. 7

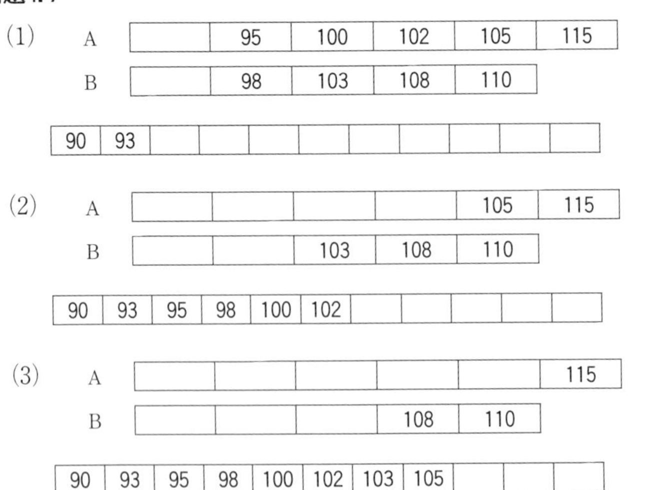

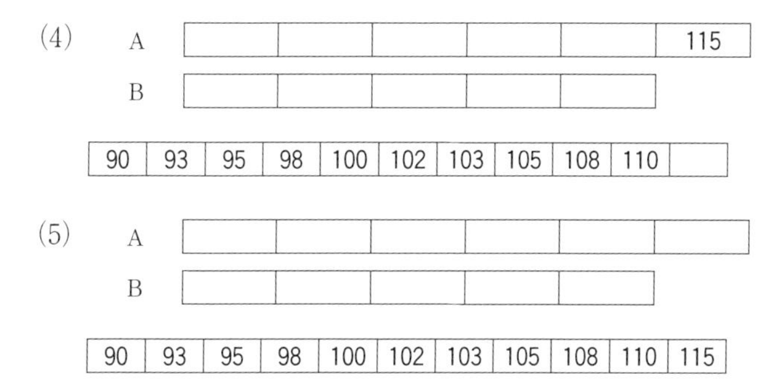

問題4.8

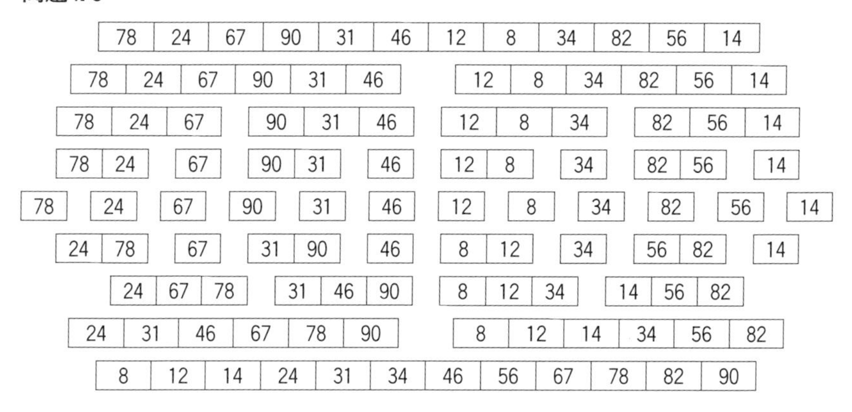

問題4.9

(1)

15	45	50	65	80	90

(2)

5	10	15	25	30	35	45	50	65	75	35	75

(3) 作業配列 b の残りを配列 a の末尾に戻す.

索　引

Memorandum

Memorandum

Memorandum

Memorandum

著者紹介

穴田　有一（あなだ　ゆういち）

1981年　北海道大学大学院工学研究科博士後期課程応用物理学専攻単位取得退学
日本ゼオン株式会社（1981年），国立苫小牧工業高等専門学校助教授（1982年），北海道情報大学助教授（1994年）を経て2002年より2024年（3月）まで北海道情報大学教授．この間，クロード・ベルナール・リヨン第一大学（フランス）客員教授（2005年），USCI大学（マレーシア）客員教授（2021年～2023年）を兼任

［現在］　北海道情報大学名誉教授，工学博士

［著書］　運動と物質—物理学へのアプローチ—（共立出版）

基礎から学ぶ
データ構造とアルゴリズム
改訂版

(*Basic Knowledge of Data Structures and Algorithms revised edition*)

2009年11月10日　初版1刷発行
2021年 2 月10日　初版7刷発行
2022年 9 月15日　改訂版1刷発行
2024年 9 月 5 日　改訂版2刷発行

検印廃止
NDC 007
ISBN 978-4-320-12491-2

発行　**共立出版株式会社**／南條光章
東京都文京区小日向4丁目6番19号
電話　(03)3947-2511番（代表）
郵便番号 112-0006
振替口座 00110-2-57035番
www.kyoritsu-pub.co.jp

印刷
製本　藤原印刷

一般社団法人
自然科学書協会
会員

Printed in Japan